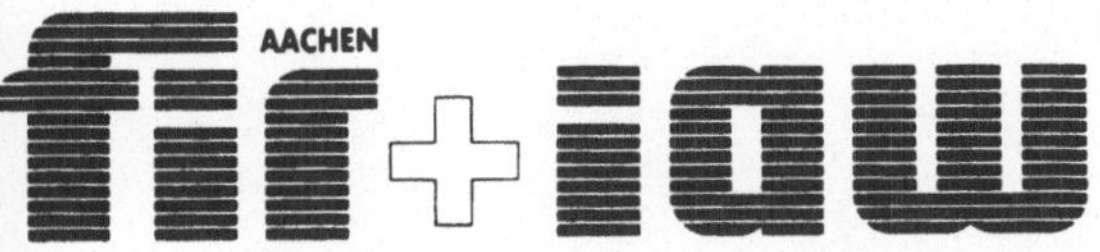

Forschung für die Praxis • Band 23

Berichte aus dem
Forschungsinstitut für Rationalisierung (FIR)
und dem Lehrstuhl und Institut
für Arbeitswissenschaft (IAW)
der Rheinisch-Westfälischen
Technischen Hochschule Aachen

Herausgeber: Univ.-Prof. Dr.-Ing. R. Hackstein

F.-J. Gaksch

Die Computersimulation

Instrumentarium zur Gestaltung komplexer Arbeitssysteme

Mit 64 Abbildungen und 10 Tabellen

Springer-Verlag
Berlin Heidelberg New York
London Paris Tokyo 1989

Dipl.-Ing. Franz-Josef Gaksch
Institut für Arbeitswissenschaft der Rheinisch-Westfälischen Technischen Hochschule Aachen

Univ.-Prof. Dr.-Ing. Rolf Hackstein
Inhaber des Lehrstuhls und Direktor des Instituts für Arbeitswissenschaft, Direktor des Forschungsinstituts für Rationalisierung an der Rheinisch-Westfälischen Technischen Hochschule Aachen

D 82 (Diss. TH Aachen)
Die Computersimulation als arbeitswissenschaftliches Instrumentarium zur Beurteilung von Fahrzeugkomponenten unter dem Aspekt der Belastungs- bzw. Beanspruchungsreduzierung

ISBN-13:978-3-540-51536-4 e-ISBN-13:978-3-642-83889-7
DOI: 10.1007/978-3-642-83889-7

Gesamtherstellung:

02 41 / 15 37 67

2160 / 3020-543210

Vorwort des Herausgebers

Die Mechanisierung und Automatisierung der industriellen Produktion hat in den vergangenen Jahren weiter ständig zugenommen. Begriffe wie "Flexible Fertigungssysteme", "Robotereinsatz" oder "CNC-Maschinen" sind einige Deskriptoren dieser Entwicklung. Mit steigender Komplexität der eingesetzten Anlagen, Maschinen und Verfahren erhöhen sich auch die Anforderungen an die Organisation des Zusammenwirkens von Mensch, Betriebsmittel und Material. Die Beherrschung und Verbesserung dieser Ablauforganisation wird mehr und mehr zum entscheidenden Faktor für einen erfolgreichen Einsatz moderner Produktionstechnologien.

Die Ablauforganisation in den Fabriken der Zukunft wird vom Einsatz der Informationstechnik geprägt sein. Einen der Anwendungsschwerpunkte der Informationstechnik in der Ablauforganisation von Produktionsbetriebe bildet der Einsatz von Informationssystemen für die Planung und Steuerung von Produktionsabläufen einschließlich des Transportes und der Lagerung.

Der Erfolg solcher Informationssysteme ist in besonderem Maße davon abhängig, wie gut es gelingt, bei der Entwicklung und beim Einsatz der Systeme gleichermaßen sowohl die technisch-organisatorischen als auch die humanen (arbeitswissenschaftlichen) Aspekte zu berücksichtigen. Während sich die technologische Entwicklung nämlich auf dem Hardware-Sektor äußerst rasant vollzieht, ist zu beobachten, daß zwischen der durch die Hardware gebotenen Möglichkeiten und der durch entsprechende Methoden und Programme (Software) realisierten Anwendungen eine immer größere Lücke entsteht, die als "Software-Lücke" bezeichnet wird.

Erfolge beim betrieblichen Einsatz können weiterhin aber auch nur dann erreicht werden, wenn der Mensch die oben genannten Informationssysteme akzeptiert. Das aber gelingt nur, wenn der

Mensch die sich ergebenden Veränderungen positiv bewältigen kann. Da bisher zu wenig Beweglichkeit, Einfallsreichtum und Flexibilität bei der Entwicklung neuer Bedingungen für die Gestaltung der Arbeitszeit, des Arbeitsplatzes, des Arbeitskräfteeinsatzes, der Arbeitsorganisation und ähnlichem festzustellen ist, zeigt sich hier eine zweite, immer größer werdende Lücke, die vielfach als "Akzeptanzlücke" bezeichnet wird und die in ihren negativen Auswirkungen der "Software-Lücke" sicherlich nicht nachsteht.

Darüber hinaus ist es heute im Hinblick auf die Wirtschaftlichkeit von Neuen Technologien noch allzu häufig üblich, daß man unter der Forderung nach "geringeren Kosten" vorzugsweise "geringere Produktionskosten" und unter "höherer Leistung" vorzugsweise "höhere menschliche Anstrengung" versteht. Es erhebt sich aber vor dem Hintergrund der Massenarbeitslosigkeit die Frage, inwieweit man heute Neue Technologien als Ersatz für Alte Technologien vorzugsweise durch Reduzierung der Personalkosten anstreben muß und man höhere Leistung vorzugsweise nur durch Erhöhung der menschlichen Anstrengung erreichen kann.

Industrielle Führungskräfte sollen hingegen wissen, daß gerade die mit dem Begriff des Computers verbundenen Neuen Technologien so gestaltbar sind, daß dem Menschen nicht höhere Anstrengungen zugemutet wird, sondern der Computer die Arbeit des Menschen so unterstützen kann, daß das Leistungsergebnis- und darauf kommt es ja an - verbessert wird. Es ist folglich zu prüfen, welche Neuen Technologien geeignet sind, sowohl die Wirtschaftlichkeit zu steigern, als auch den Personalfreisetzungseffekt zu vermeiden.

Die Arbeiten der beiden vom Herausgeber geleiteten Institute, des Forschungsinstitutes für Rationalisierung (FIR) an der RWTH Aachen und des Lehrstuhls und Institutes für Arbeitswissenschaft (IAW) der RWTH Aachen, sind vor diesem Hintergrund darauf gerichtet, Beiträge zur Schließung der angezeigten Lücken und zur Realisierung der genannten Forderungen zu leisten. zur Umsetzung gewonnener Erkenntnisse wird die Schriftenreihe "FIR-IAW-Forschung für die Praxis" herausgegeben. Der vorliegende Band setzt diese Reihe fort. Die bisher erschienenen Titel sind am Schluß dieses Bandes aufgeführt.

Dem Verfasser danke ich für die geleistete Arbeit, dem Verlag für die Aufnahme dieser Schriftenreihe in sein Programm und allen anderen Beteiligten für ihren Beitrag zum Gelingen des Bandes.

Rolf Hackstein

Inhaltsverzeichnis **Seite**

1. Einleitung

Die Bedeutung des LKW's im binnenländischen Güterverkehr hat sich in Abhängigkeit vom Einsatzbereich (Nah- oder Fernverkehr) und von der jeweiligen Transportaufgabe in unterschiedlicher Weise entwickkelt. Während der LKW im Fernverkehr in direkter Konkurrenz zu anderen Transportsystemen (Eisenbahn, Binnenschiffahrt usw.) steht und dort derzeit etwa einen Anteil von 40% bezüglich des Transportaufkommens befördert, werden im Güternahverkehr die Transporte mit LKW nahezu ohne konkurrierende Alternativen geleistet (N.N. 1985, S. 1).

Die Güterverkehrsentwicklung zeigte in den vergangenen Jahren im Bundesgebiet insgesamt eine steigende Tendenz. So konnte beispielsweise der Werknahverkehr von 1985 auf 1986 eine Steigerung von 5,6% bezüglich der Tonnage der beförderten Güter verbuchen. Im gewerblichen Güternahverkehr betrug die Steigerung im gleichen Zeitraum immerhin noch 4,4%. Die tonnenkilometrische Leistung erreichte mit 5,2% bzw. 4,6% nahezu gleiche Steigerungsraten (N.N. 1987, S. 32).

Seitens der Unternehmen kann man auf diese Entwicklung mit verschiedenen Strategien reagieren. Beispiele hierfür sind die Erweiterung des Fuhrparks und/oder effizienterer Einsatz der in diesem Verkehrszweig bereits eingesetzten Menschen und Fahrzeuge.

Die erste Maßnahme wird dazu führen, daß immer mehr Fahrzeuge sich den bereits heute knappen Verkehrsraum, insbesondere im innerstädtischen Bereich mit seinen zahlreichen Verkehrsbeschränkungen, teilen müssen. Ein effizienterer Einsatz des vorhandenen Fuhrparks kann z.B. erreicht werden durch Beschleunigung der Be- bzw. Entladevorgänge, durch Reduzierung der Standzeiten, Erhöhung der Fahrzeugleistung zur Erreichung größerer Durchschnittsgeschwindigkeiten usw. Voraussetzung für alle diese Maßnahmen ist eine verstärkte organisatorische Einbindung des Fuhrparks in die gesamte Logistikkette.

Neben diesen eher quantitativen Aspekten gibt es eine Reihe von Entwicklungstendenzen, die es sinnvoll erscheinen lassen, dem Straßengüterverkehr, und hier insbesondere der Arbeitssituation der LKW-Fahrer, in Zukunft ein noch größeres Interesse zu widmen. Es kann davon ausgegangen werden, daß der Logistik zukünftig verstärkt die Aufgabe zufallen wird, "einen Ausgleich zwischen einer Reihe von Zielkonflikten zwischen den Bereichen Vertrieb, Produktion, Lagerwesen und Einkauf zu ermöglichen, was wiederum einen reibungslosen und effektiven Informationsaustausch zwischen den Logistik-Bereichen im Sinne einer ganzheitlichen Betrachtungsweise voraussetzt" (Hackstein, Gast 1985, S. 64). Eine Lösungsmöglichkeit besteht z.B. in der Realisierung von "Just-in-Time"-Konzepten, die, ausgehend von der Automobilindustrie und deren Zulieferern über die Elektroindustrie bis hin zur Chemischen Industrie, zunehmend an Bedeutung gewinnen. Wesentliches Kennzeichen des "Just-in-Time"-Konzeptes sind integrierte Informationsverarbeitung und produktionssynchrone Beschaffung. Ersteres bedeutet, daß die Information den Materialfluß begleiten oder ihm sogar vorauseilen muß, letzteres bewirkt beim Zulieferer völlig veränderte Produktionsstrategien und beim Spediteur "Just-in-time"-Zulieferungen mit i.d.R. kleineren Transportmengen bei gleichzeitig häufigerer Belieferung.

"Die Zusammenfassung der im Rahmen des Material- und Warenflusses sowie des begleitenden Informationsflusses zu erfüllenden Aufgaben zu einer Querschnittsfunktion >Logistik< bietet bedeutende Rationalisierungsreserven. Neben dem technischen Rationalisierungsschwerpunkt in Form vielfältiger Automatisierungsformen liegt der Schwerpunkt in der Verbesserung der organisatorischen, beziehungsweise informellen Verknüpfung logistischer Funktionen" (Hackstein 1986, S. 50).

Die geforderte Flexibilität darf sich nicht nur auf die vor- und nachgelagerten Bereiche der Zulieferer bzw. der Abnehmer beziehen, sie muß vielmehr auch für den LKW - als ein Glied in der gesamten Logistikkette - gelten, was zukünftig einen verstärkten Einsatz von Informations- und Kommunikationshilfsmitteln im LKW erforderlich machen wird. Auswirkungen auf die Tätigkeit der LKW-Fahrer werden dabei nicht zu vermeiden sein (in Anlehnung an Tosche 1988, S. 41).

Die möglichen Folgen dieser Veränderungen hinsichtlich physischer oder psychischer Belastungen oder erforderlicher Qualifikation der

LKW-Fahrer sind derzeit noch nicht hinreichend erforscht. Um Fehlentwicklungen frühzeitig entgegenwirken oder idealerweise vermeiden zu können, ist eine ganzheitliche Betrachtung des Arbeitssystems, d.h. im vorliegenden Fall, des Menschen, des Fahrzeugs sowie des Umfeldes, erforderlich.

Findet dies keine Beachtung, so besteht die Gefahr, daß die erforderliche Flexibilisierung nur durch Ausschöpfung der derzeit oft schon sehr engen Handlungsspielräume der Fahrer möglich wird. Fehlleistungen als Folge von Überforderung können dann wohl kaum noch ausgeschlossen werden, wie durch die z.T. spektakulären LKW-Unfälle der letzten Jahre deutlich belegt wird.

2. Definition des Begriffs "Verteilerverkehr" und Beschreibung der Ausgangssituation

Aufgrund der Vielschichtigkeit seiner Verkehrsfunktion kann man nicht vom typischen Verteilerverkehr sprechen. Im Gegensatz zum Werknahverkehr ist der Begriff Verteilerverkehr weder verkehrsrechtlich relevant, noch ist er verkehrsrechtlich definiert.

2.1 Definition des Begriffs "Verteilerverkehr"

Da sich die nachfolgenden Ausführungen schwerpunktmäßig auf die Tätigkeiten von Verteiler-LKW-Fahrern (V-LKW-Fahrern) beziehen, ist es erforderlich, den Verteilerverkehr zu definieren.

Folgende Definition soll hier Anwendung finden:

Der Verteilerverkehr dient der Beförderung meist unterschiedlicher Güter im Nahverkehr mit einer Vielzahl von Be- oder Entladestellen im Verlauf einer Tour.

Sonderformen des Verteilerverkehrs, wie beispielsweise der Getränkebereich, wurden bewußt im Rahmen der hier beschriebenen Untersuchungen ausgeklammert, da hierüber bereits eine Reihe von Ergebnissen vorliegt, die z.T. schon in Fahrzeugsonderkonstruktionen ihren Niederschlag gefunden haben (Summ 1987, S. 4).

2.2 Beschreibung der Ausgangssituation im Verteilerverkehr

Einer teilweise abnehmenden physischen Belastung/Beanspruchung, z.B. durch den Einsatz technischer Hilfsmittel, wie Servolenkung, Automatikgetriebe oder elektrischer Transporthilfsmittel, steht häufig eine Zunahme der psychischen Belastung/Beanspruchung gegenüber. Dies kann z.B. durch den beim Einsatz Neuer Technologien oft erforderlichen höheren Aufwand für Überwachungs- und Kontrolltätigkeiten begründet sein. Ein weiterer wesentlicher Grund liegt in der starken Zunahme des Zeitdruckes und der Zeitbindung, die beispielsweise als Folge neuer Logistikkonzepte eintreten können.

Die wesentlichen Tätigkeiten eines Verteiler-LKW-Fahrers stellen sich folgendermaßen dar:

Der Fahrer erhält von der Disposition die Ladepapiere, Warenbegleitscheine, Rechnungen usw. Diese geben ihm u.a. Aufschluß darüber, welche Ware in welcher Menge zu welchem Zeitpunkt bei einem bestimmten Kunden abzuliefern bzw. abzuholen ist. Auf der Basis dieser Unterlagen und seiner mehr oder weniger vorhandenen Ortskenntnis stellt er sich "seine" Tour durch Ordnen der Papiere zusammen. Anschließend überprüft er im Warenausgang die i.d.R. bereits vom Lagerpersonal zusammengestellte Ware auf Vollständigkeit und ergänzt ggf. fehlende Teile. Danach wird - z.T. mit Unterstützung durch das Lagerpersonal - das Fahrzeug beladen. Ein Ladeplan, der Aufschluß über die optimale Beladestrategie gibt, existiert i.d.R. nicht. Da das Transportgefäß häufig nur von hinten zugänglich ist, wird die Ware in umgekehrter Reihenfolge der zu beliefernden Kunden geladen (first in - last out). Im Anschluß daran fährt der Fahrer die Kunden in der zuvor festgelegten Reihenfolge an und be-/bzw. entlädt die entsprechende Ware. Im Laufe des Tages erfolgt meist mehrmals eine Kontaktaufnahme mit der Disposition, um etwaige Abholaufträge oder Tourenplanänderungen entgegenzunehmen. Sie erfolgt - falls vorhanden - über das fahrzeugeigene Kommunikationsmittel, über öffentliche Fernsprecher oder aber über Telefon beim Kunden. Nach Abarbeitung des Fahrauftrages kehrt der Fahrer zum Depot zurück, entlädt die eingesammelte Ware und gibt die Warenbegleitpapiere beim Disponenten ab. Im Anschluß daran wird das Fahrzeug für den folgenden Tag vorbereitet (z.B. aufgetankt) und abgestellt. Diese kurze Darstellung zeigt, daß die Gesamttätigkeit eines Verteiler-LKW-Fahrers sehr vielfältig ist.

Da sich die Arbeitstätigkeit nicht auf einen festen Arbeitsplatz beschränkt, entzieht sie sich weitgehend dem Einfluß des Unternehmens. Hieraus können erschwerte Arbeitsbedingungen z.B. an den Be- und Entladestellen resultieren. Sind Laderampen vorhanden, so besteht in der Regel eine Höhendifferenz zum Boden des Transportgefäßes. Beim Be- und Entladen ohne Rampe sind spezielle Ladehilfsmittel erforderlich, um bei großvolumigen bzw. schweren Gütern (z.B. palettierte Güter) die Höhendifferenz zu überbrücken. Neben den

Be- und Entladetätigkeiten fallen umfangreiche Sortier- und Stauvorgänge innerhalb des Transportgefäßes an, die häufig ohne jegliche Hilfsmittel ausgeführt werden. Eine weitere Schwachstelle stellen die Arbeiten zur Ladegutsicherung dar, die häufig vernachlässigt oder gar unterlassen werden, wodurch sich eine potentielle Gefährdung für den Fahrer und andere Verkehrsteilnehmer ergibt. Die gerade im Sammel- und Verteilverkehr notwendigen häufigen Ein- und Ausstiege (bis zu 11.000 mal im Jahr (N.N., 1987, S. 6)) stellen eine zusätzliche Belastung und Gefährdung des Fahrers dar (N.N. 1986, S. 2).

Neben diesen Belastungen, die in erster Linie durch das Materialhandling an den Schnittstellen Fahrzeug-Lager bzw. Fahrzeug-Kunde auftreten, existieren unterschiedliche Belastungen, die durch das Fahrzeug bzw. die Fahrzeugführung verursacht werden. In diesem Zusammenhang sind beispielsweise Lärm, extreme Unterschiede zwischen Fahrzeuginnentemperatur und Außentemperatur, Erschütterungen, beengte Platzverhältnisse, fehlende Ablagemöglichkeiten für Frachtpapiere oder persönliche Ausrüstung zu nennen.

Im Gegensatz zu den letztgenannten Belastungsursachen, die weitgehend durch Fahrzeuggestaltungsmaßnahmen beeinflußbar sind, existieren darüber hinaus umgebungsbedingte Belastungen, die nicht oder nur in begrenztem Rahmen beeinflußbar sind. Hierunter sind beispielsweise - neben den bereits erwähnten unterschiedlichen Gegebenheiten bei den einzelnen Kunden - die Beschaffenheit der Fahrbahn (Nässe, Glätte), der Einsatzbereich des Fahrzeugs (City, Stadt, Land, Autobahn) usw. zu nennen.

Zusammenfassend kann festgestellt werden, daß die Tätigkeit eines Verteiler-LKW-Fahrers aus mehreren Teiltätigkeiten (Arbeitseinheiten) besteht, in denen spezielle Belastungen auftreten können.

Hierbei handelt es sich einmal um das Führen eines Kraftfahrzeuges mit überwiegend psychisch-mentalen Belastungen (in Analogie zum Busfahrer, Taxifahrer, o.ä.). Nach Strasser (1982, S. 36) wirken im Straßenverkehr fast alle Stressoren gleichzeitig auf den Menschen ein:

"- Lärm,
- Luftverschmutzung,
- verstopfte Städte und endloses Parkplatzsuchen, während man es eilig hat,
- Käfiggefühl in Kolonnen,
- Unfälle,
- laufende Alarmsituationen und Ärger, Aufregung,
- Aggressionen der Verkehrsteilnehmer gegeneinander,
- mechanische Beanspruchung durch langes, oft eingezwängtes Sitzen mit Haltungsschäden, Muskelverspannungen und Blutzirkulationsstörungen,
- Bewegungsarmut und damit Fehlen des Streßabbaus".

Desweiteren handelt es sich um Be- bzw. Entladetätigkeiten mit überwiegend physischer Belastung (vergleichbar mit der Tätigkeit eines Lagerarbeiters). Letztendlich ist der Fahrer häufig Ansprechpartner für Kunden, d.h., er nimmt Kundenwünsche oder Reklamationen entgegen und repräsentiert somit sein Unternehmen nach außen, (vergleichbar mit der Tätigkeit eines Außendienstmitarbeiters).

Berücksichtigt man all diese Aspekte, so ist leicht ersichtlich, daß der Fahrer eines Verteiler-LKW's einer Vielzahl unterschiedlichster Belastungen in zeitlich kurzer und teilweise überlappter Abfolge ausgesetzt ist (Mehrfachbelastung). Darüberhinaus ist mangels entsprechender Hilfsmittel, z.B. beim Entladen, eine ordnungsgemäße und termingerechte Aufgabenerfüllung oft nur durch erhebliche Anstrengung und Improvisation seitens der Fahrer realisierbar.

Es muß sich nicht notwendigerweise immer um massive Störungen des Arbeitsablaufs handeln. "Häufig sind es gerade kleinere, ständig wiederkehrende, vom Arbeitenden nicht zu beeinflussende, alltägliche Ärgernisse ... , die - sich im Laufe des Arbeitstages aufsummierend - ihre belastende Wirkung entfalten und langfristig zu Gesundheitsbeeinträchtigungen führen können" (Leitner, Volpert, Greiner, Weber, Hennes 1987, S. 12).

3. Zielsetzung und Abgrenzung zu bereits durchgeführten Untersuchungen

Die Analyse von Beanspruchungsprozessen bei Kraftfahrern war bereits Gegenstand einer Reihe von Untersuchungen (siehe z.B.: Hoyos, Kastner 1985; Zeier o. Jahr). Dabei zeigte sich teilweise, daß sog. "Allzweckinstrumente" aufgrund der relativ langen Entwicklungszeit und der andererseits turbulenten Entwicklung im Bereich der Meßapparaturen zu wenig brauchbaren Ergebnissen führen können.

Hoyos und Kastner führen zu dieser Problematik aus:

"Tatsächlich überfordern überaus vielseitig ausgestattete Meßstationen die Kapazitäten der Auswerter in vielerlei Hinsicht: große Datenmengen fallen einfach unter den Tisch, Interaktionen einer allzu großen Variablenzahl lassen sich nicht mehr berechnen und kaum interpretieren. Kleinere, rascher durchzuführende Studien mit einer begrenzten Meßausrüstung sind zu bevorzugen. Das "Gesamtbild" muß dann durch intelligentes Zusammenfügen von "Bausteinen" gefunden werden"(Hoyos, Kastner 1985, S. 79).

In diesem Sinne stellt die vorliegende Arbeit den Versuch dar, einen "Baustein" züm "Gesamtbild" zu liefern. Einen möglichen methodischen Zugang zu dieser Problematik bilden umfassende Arbeitsanalysen in Form von Feldstudien (vergleiche dazu Hackstein 1977, S. 661 ff), andere Forschungsstrategien versuchen reale Situationen exakt unter Laborbedingungen, z.B. in einem Fahrsimulator (vergleiche Sturk 1987, S. 568ff) nachzubilden. Beide Vorgehensweisen werden oftmals als gegensätzlich diskutiert, da unterschiedliche methodische und wissenschaftstheoretische Voraussetzungen beachtet werden müssen (vergleiche Campbell 1957).

Die vorliegende Untersuchung verarbeitet aus Feldstudien stammende Daten in einer laborexperimentellen Computersimulation, um wiederum Aussagen für Feldsituationen (hier: Verteiler-LKW) zu gewinnen. Vorrangiges Ziel ist daher die Entwicklung und Erprobung eines rechnergestützten Verfahrens zur Identifizierung der Wirkung unterschiedlichster Belastungsfaktoren. Leitgedanke der vorliegenden Untersuchung ist, daß aus der Kenntnis der Wirkung bestimmter, beim Führen eines Kfz auftretenden Stressoren, Folgerungen für eine optimierte Ausgestaltung von Kraftfahrzeugen ableitbar sind, um insgesamt zu einem humaneren "Arbeitsplatz Kraftfahrzeug" zu gelangen.

Die Anwendung des Verfahrens soll nicht nur der nachträglichen Optimierung bereits bestehender Fahrzeugtypen dienen, sondern soll darüber hinaus ermöglichen, die Auswirkungen Neuer Technologien in zukünftigen Fahrzeugen vorab abzuschätzen.

Ein wesentlicher Vorteil dieses Verfahrens liegt darin, daß es jederzeit erweiterbar ist, d.h., daß bisher nicht oder nur selten eingesetzte Systemkomponenten (z.B. neue Informations- und Kommunikationshilfsmittel im LKW) hinsichtlich ihrer Wirkung auf den Fahrzeugführer untersucht werden können, ohne daß die veränderten Randbedingungen zu völlig neuen Versuchsanordnungen führen. Ein weiterer wesentlicher Vorteil des Verfahrens besteht darin, daß die Aufnahme der für die Untersuchung erforderlichen Daten ausschließlich durch die Versuchspersonen selbst erfolgt und daß die ermittelten Daten nur einer geringen Aufbereitung bedürfen (z.B. Eliminierung von Ausreißern), bevor sie der Auswertung zugeführt werden.

4. Methodische Vorüberlegungen

Wie bereits dargestellt, sind die Interaktionsmöglichkeiten im Gesamtsystem "Fahrer-Fahrzeug-Umwelt", insbesondere im Verteilerverkehr mit seinen vielfältigen Zusatzaufgaben neben der Fahrzeugführung, außerordentlich komplex. Es wird daher nicht der Versuch unternommen, ein universell anwendbares, d.h. alle Teiltätigkeiten erfassendes Verfahren zu entwickeln. Es erscheint vielmehr sinnvoll, die Gesamttätigkeit eines Verteiler-LKW-Fahrers in verschiedene Teiltätigkeiten aufzuteilen und dann auf jede dieser Teiltätigkeiten eine geeignete Methode zur Beanspruchungsermittlung anzuwenden. Die Ermittlung der Teiltätigkeiten erfolgt auf der Basis einer breit angelegten Ist-Zustandsanalyse in Form von Beobachtungsinterviews. Dabei wird u.a. sowohl die Häufigkeit als auch die Dauer von Teiltätigkeiten zeitgenau erfaßt. Neben diesen objektiven Daten werden auch subjektive Daten erfaßt, die Aufschluß darüber geben, wie belastend bestimmte Situationen bzw. Tätigkeiten von den Fahrern selbst empfunden werden. Dadurch soll sichergestellt werden, daß z.B. geplante technische Veränderungen des Fahrzeugs auf eine breite Akzeptanz bei den Betroffenen (Fahrern) stoßen. Im Anschluß an die Datenaufnahme wird auf der Basis der erhobenen Daten in Expertengesprächen die weitere Vorgehensweise festgelegt. Als Untersuchungsschwerpunkte ergeben sich

- die Fahrzeugführung und
- das Materialhandling.

Abbildung 4.1 zeigt die im Rahmen des Projektes "Humanisierung des Arbeitsplatzes Verteiler-LKW" am Institut für Arbeitswissenschaft (IAW) durchgeführten Einzeluntersuchungen. Für die Beurteilung der überwiegend psychischen Belastungen und Beanspruchungen die bei der Fahrzeugführung auftreten, wird das Verfahren der Computersimulation angewendet. Die im Zusammenhang mit der hier vorgestellten Simulation zu bearbeitenden Arbeitsschritte sind in der Abbildung 4.1 dunkel hinterlegt.

Überwiegend physische Belastung und Beanspruchung, wie sie durch das Materialhandling verursacht wird, ist Gegenstand gesonderter Untersuchungen und wird daher hier nicht weiter behandelt.

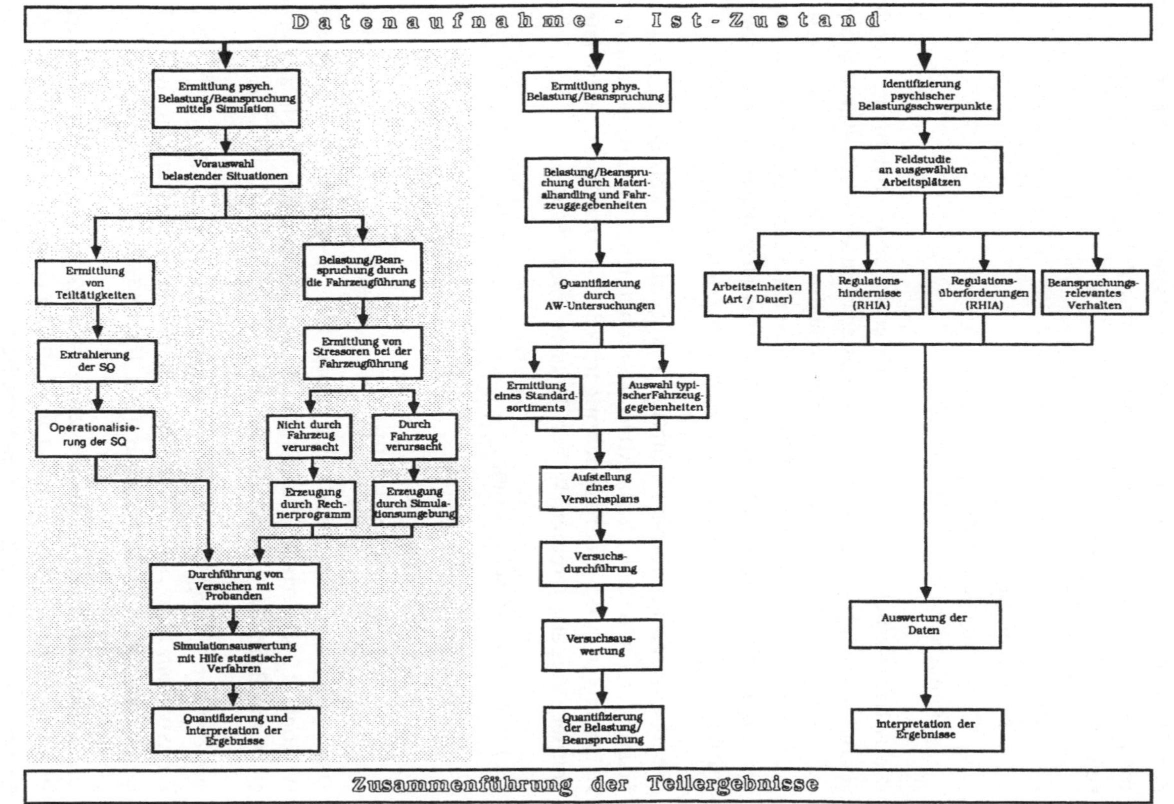

Abbildung 4.1: Darstellung des Gesamtrahmens der durchgeführten Untersuchungen

Zur Überprüfung der mittels Simulation gewonnenen Daten erfolgt zusätzlich eine Feldstudie, bei der die nachfolgenden Datenbereiche simultan erfaßt werden:

- Zeit,
- Arbeitseinheiten,
- Belastungsfaktoren,
- Befinden.

Die Arbeitseinheiten (Teiltätigkeiten) werden auch bei dieser vergleichenden Untersuchung aus der bereits erwähnten Ist-Zustandsanalyse extrahiert. Das Kategoriensystem der Belastungsfaktoren setzt sich aus Items zusammen, die dem RHIA-Verfahren (Verfahren zur Ermittlung von Regulationshindernissen in der Arbeitstätigkeit) entnommen wurden (Leitner, Volpert, Greiner, Weber, Hennes 1987).

Innerhalb der Computersimulation erfolgt durch Befragung eine Erfassung verschiedener subjektiver Datenbereiche, die mit psychischen Belastungen und Beanspruchungen i.d.R. hoch korrelieren (siehe Leitner, Volpert, Greiner, Weber, Hennes 1987, S. 66).

Es handelte sich hierbei um:

1. subjektives Befinden
2. erlebte Beanspruchung sowie
3. psychosomatische Beschwerden.

Das subjektive Befinden wird über eine Gefühlswortadjektivliste (Walbott 1985) erfaßt. Der Proband gibt dabei sein Urteil auf einer siebenstufigen Ratingskala je Item an.

Bei der Ermittlung der erlebten Beanspruchung wird überprüft, ob die Belastungsfaktoren von der Versuchsperson wahrgenommen werden und es erfolgt eine Einschätzung der Intensität der Belastung.

Die psychosomatischen Beschwerden werden mit Hilfe der Freiburger Beschwerdeliste (FBL) anhand von 19 Items sowie anhand von acht Items zur Gereiztheit und Belastetheit ermittelt (Fahrenberg 1975; Mohr 1986).

Eine ausführliche Beschreibung der in Abbildung 4.1 dargestellten Arbeitspakete erfolgt in Kapitel 6.

5. Einbettung der Simulation in ein handlungstheoretisch begründetes Konzept

5.1 Grundelemente der Handlungsregulationstheorie

Ein wesentliches Merkmal der Handlungsregulationstheorie ist die Verbindung von konkretem Tun und Denken. Das zeigt sich u.a. dadurch, daß die früher getrennten Theoriestränge Sensumotorik-Forschung bzw. Denkpsychologie in einem Konzept zusammengefaßt wurden, welches auf der Grundlage des Begriffes "Handeln" die Ausführung und die Planung von Aktivitäten beinhaltet (Leitner, Volpert, Greiner, Weber, Hennes 1987, S. 9). Unter "Handeln" ist in diesem Zusammenhang "... zielgerichtetes Verhalten, wobei das Ziel und die Bemühung, es zu erreichen, bewußt sind", zu verstehen (Volpert 1987, S. 6).

" Der handelnde Mensch ist in bestimmte Situationen gestellt, die von ihm ein bestimmtes Handeln erfordern. Die menschliche Umwelt, ..., stellt dem Menschen Handlungsforderungen, denen er durch eigene Handlungen entsprechen muß. Dies erreicht er durch eine geeignete Regulation seiner Handlungen. Handlungsforderungen können sich auf unterschiedliche Aspekte der Regulation beziehen, etwa auf Fingerfertigkeit, Körperkraft oder Schnelligkeit der Bewegungsausführung. Sie können auch Anforderungen an die menschliche Fähigkeit zum Denken und Planen stellen; derartige Handlungsforderungen nennen wir Regulationserfordernisse.

In der Arbeitstätigkeit begegnen die Handlungsforderungen dem Arbeitenden in Gestalt von Arbeitsaufgaben und deren Ausführungsbedingungen. Sollen verschiedene Arbeitsaufgaben miteinander verglichen werden, so ist das Gemeinsame ihrer Regulationserfordernisse zu suchen. Solche Gemeinsamkeiten beruhen darauf, daß der Handelnde alle derartigen Aufgaben in einer Weise angeht, die die HRT (Anmerkung des Verfassers: Handlungsregulationstheorie) die hierarchisch-sequentielle Handlungsorganisation nennt. In diesem Modell der Handlungsorganisation werden unterschiedliche Ebenen der Regulation definiert" (Leitner, Volpert, Greiner, Weber, Hennes 1987, S. 13f.).

Bezüglich der psychischen Regulation lassen sich die sensumotorische Ebene, die perzeptiv-begriffliche Ebene sowie die intellektuelle Ebene unterscheiden.

Die regelungstechnischen Zusammenhänge sowohl innerhalb der verschiedenen Ebenen als auch Ebenen übergreifend, zeigt die nachfolgende Abbildung.

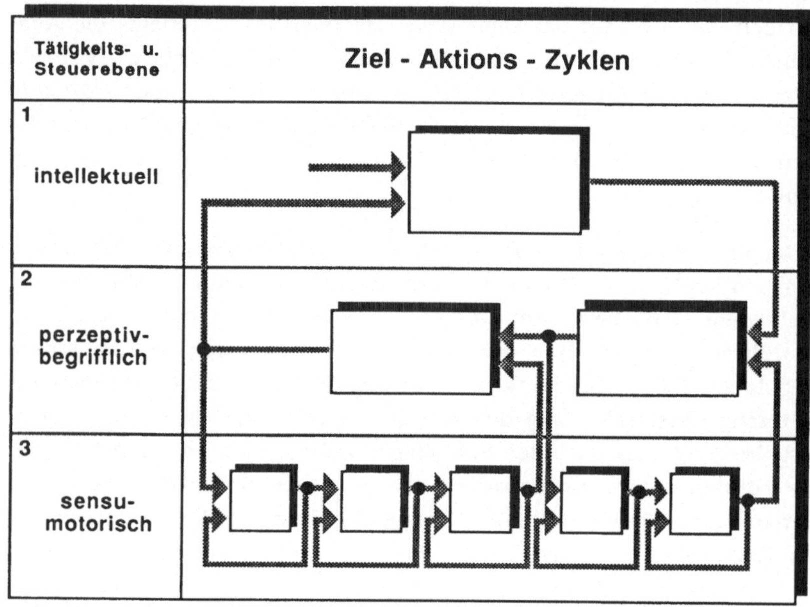

Abbildung 5.1: Koordination der Ziel-Aktions-Zyklen (Henning, Marks 1986, S. 226)

Heeg führt hierzu aus:

"Mehrere sequentielle Regelkreise auf der sensumotorischen Ebene (3) sind Bestandteil der Regelstrecke von Regelkreisen, deren Regler der perzeptiv-begrifflichen Steuerebene (2) angehören. Die Regeleinrichtungen der Steuerebene (2) bilden in ihrer sequentiellen Zugehörigkeit wiederum die Regelstrecke eines Regelkreises, dessen Regler der intellektuellen Steuerebene (1) angehört" (Heeg 1988, S. 13).

Volpert faßt die wesentlichen Kriterien der Handlungsregulationstheorie folgendermaßen zusammen:

"Diese Theorie geht davon aus, daß das psychologisch Bedeutsame beim Handeln und auch bei der Arbeitstätigkeit die Regulation dieser Handlung ist, allgemein gesprochen: die Art und Weise, wie bestimmte Ziele des Handelns gebildet werden, wie sie in Teilziele untergliedert und schließlich durch einzelne Teilhandlungen und Bewegungen erreicht werden" (Volpert, Oestereich, Gablenz-Kolakovic, Krogoll, Resch 1983, S. 6).

5.2 Zusammenhang zwischen Arbeitsbedingungen und personalen Bedingungen aus handlungstheoretischer Sicht

Arbeitsprozesse sind i.d.R. durch eine Reihe von Wechselbeziehungen gekennzeichnet. Es handelt sich hierbei einerseits um Wechselwirkungen innerhalb der Arbeitsbedingungen und andererseits um solche zwischen den Arbeitsbedingungen und personalen Bedingungen. Unter Arbeitsbedingungen sind nach Hacker "Sachverhalte zu verstehen, die im Produktions- bzw. Arbeitsprozeß auftreten und die Arbeitstätigkeit und/oder das Arbeitsergebnis beeinflussen. Ein Teil der Bedingungen, unter denen die Tätigkeiten ausgeführt werden, ist für sie notwendig und daher zu optimieren. Ein anderer Teil von Bedingungen ist nicht notwendig; in diesem können sogar beeinträchtigende, also zu beseitigende Sachverhalte enthalten sein. Zusammen mit dem Auftrag bzw. der selbstgestellten Aufgabe bestimmen die Ausführungsbedingungen der Arbeitstätigkeit die objektiven Anforderungen" (Hacker 1986, S. 34f.).

Betrachtet man in diesem Zusammenhang das Resultat möglicher Arbeitsgestaltungsmaßnahmen, so kann eine Optimierung von notwendigen bzw. Beseitigung von beeinträchtigenden Bedingungen nur dann Erfolg versprechen, wenn sie Arbeitsbedingungen und personale Bedingungen gleichermaßen mit einbezieht. Dies wird umso mehr deutlich, wenn man sich die Verknüpfung von Technikgestaltung, Arbeitsorganisation, Qualifizierung und Arbeitshandeln, wie sie sich aus handlungstheoretischer Sicht darstellt, vergegenwärtigt. Abbildung 5.2 verdeutlicht diesen komplexen Zusammenhang.

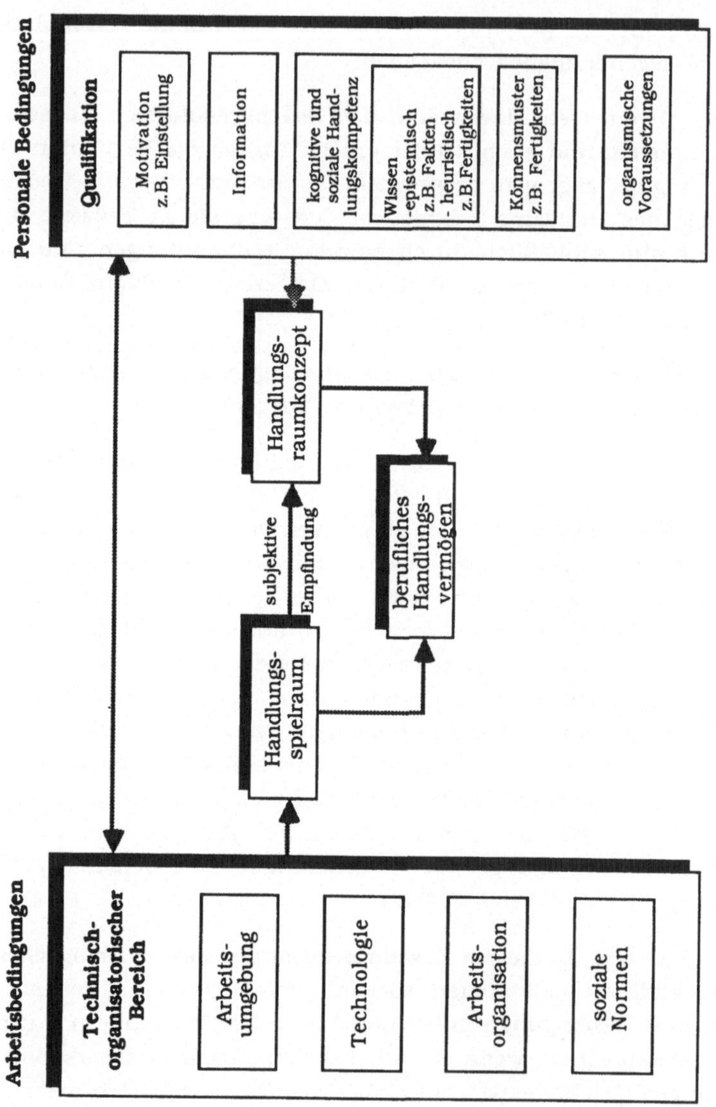

Abbildung 5.2: Zusammenhangsmodell von Arbeitsbedingungen und personalen Bedingungen - abstrakte Ebene - (in Anlehnung an Heeg 1988, S. 20)

In Anlehnung an Heeg (1988, S. 20) wurden auf Seiten der Arbeitsbedingungen die Bereiche Technologie, Arbeitsorganisation, soziale Normen und als Ergänzung Arbeitsumgebung unterschieden, die den technisch-organisatorischen Bereich konstituieren. Mit "Arbeitsumgebung" sind hierbei sämtliche Umweltfaktoren gemeint, die sich nicht über technische Sachverhalte äußern, wie z.B. Witterungsbedingungen, Außentemperatur etc. Insbesondere bei Tätigkeiten, die nicht an einem festgelegten Ort verrichtet werden können, ist der Arbeitende vermehrt solchen Bedingungen ausgesetzt, die durch technische Maßnahmen nur eingeschränkt beeinflußt werden können.

Die personalen Bedingungen enthalten Merkmale der Qualifikation des Arbeitenden. Darunter sind Motivation, Information und kognitive bzw. soziale Handlungskompetenz subsummiert. Zur vertiefenden Erläuterung der einzelnen Begriffe sei hier auf Heeg (1988, S. 14ff) verwiesen. Auch hier wurde eine Erweiterung des von Heeg vorgeschlagenen Modells vorgenommen, indem zusätzlich Organismusbedingungen mit unter den Qualifikationsbegriff gefaßt wurden, da insbesondere bei Verteiler-LKW-Tätigkeiten hohe physische Anforderungen an den Handelnden gestellt werden. Während der technisch-organisatorische Bereich den objektiven Handlungsspielraum für die Gesamttätigkeit festlegt, liefern die personalen Bedingungen jene in erster Linie kognitiven Leistungsvoraussetzungen, die zusammen mit der subjektiven Repräsentation des Handlungsspielraumes das individuelle Handlungsraumkonzept der Gesamttätigkeit bilden.

Unter Handlungsspielraum wird ein dreidimensionales Konzept verstanden, das nach Müller-Bölling und Müller (1983, S. 19)

- Entscheidungsspielraum,
- Tätigkeitsspielraum und
- Freiheitsspielraum

umfaßt.

Im einzelnen werden die Begriffe wie folgt definiert:

"Entscheidungsspielraum ist ein Maß dafür, wie stark ein Organisationsmitglied bei der Erfüllung seiner Aufgabe an organisatorische Regelungen gebunden ist. Der Tätigkeitsspielraum gibt an, inwieweit durch technisch bedingte Regulierung eine ständige Wiederholung bestimmter Handlungen induziert wird. Der Freiheitsspielraum schließlich ist ein Maß für die Stärke sozial bedingter Normen, repräsentiert durch Führungsstil und Führungklima ..." (Müller-Bölling, Müller 1983, S.19, zitiert in Heeg 1988, S. 21).

Das individuelle Handlungsraumkonzept wird nach Heeg (1988) als ein inneres Modell definiert, "das der Mensch sich von den Handlungen, ihren Voraussetzungen, Rahmenbedingungen und Folgen bildet und in dem er diese Handlungen somit geistig vorweg nimmt, d.h. plant" (Heeg 1988, S. 17).

Gemeinsam mit dem objektiven Handlungsspielraum generiert sich aus diesem inneren Modell das berufliche Handlungsvermögen. Es ist als die Gesamtmenge potentieller Handlungsausführungen (Ausführungsregulationen) zu verstehen. In Erweiterung zu Heeg wird dieser Komplex als die abstrakte Ebene des Wirkungsgefüges von Arbeitsbedingungen und personalen Bedingungen aufgefaßt. Der Arbeitsumgebung auf Seiten des technisch-organisatorischen Bereiches und den "organismischen Voraussetzungen" auf Seiten der Qualifikation kommen dabei Sonderrollen zu.

"Aufgabenanforderungen und Leistungsvoraussetzungen determinieren die Ausführung von Arbeitstätigkeiten und damit auch die Leistungsergebnisse. Umgebungsfaktoren können diese Interaktion beeinflussen, weil sie als äußere Arbeitsbedingungen die jeweiligen Verwirklichungsbedingungen von Aufgabenanforderungen mitdefinieren" (vgl. Hacker 1978; Hoyos 1974, zitiert in Smith, Ottman 1987, S. 304).

Während das Handlungsraumkonzept als ein rein kognitives Modell verstanden wird, können Arbeitsbedingungen durch Beeinflussung der organismischen Leistungsvoraussetzungen von zwei Richtungen auf die Generierung dieses Modells einwirken. Smith und Ottmann führen dazu aus: "Äußeren Arbeitsbedingungen werden ... zwei Wirkungen zugesprochen. Einmal sollen sie spezifische physiologische Reaktionsmuster hervorrufen und auf diesem Weg die Leistungsvoraussetzungen modifizieren. Neben diesen unmittelbaren physiologischen Wirkungen von Umgebungsfaktoren, die sich in eher homogenen

Verhaltensänderungen niederschlagen sollen, werden Wirkungen erwartet, weil Umgebungsfaktoren potentiell psychische Verarbeitungsprozesse auslösen können. Umgebungsfaktoren erhalten dann in Abhängigkeit von Aufgabenanforderungen unter weiteren Verwirklichungsbedingungen und Leistungsvoraussetzungen eine spezifische Bedeutung und bedingen Erlebens- und Bewertungszustände, die ihrerseits einen Einfluß auf Tätigkeitsausübung und Leistung nehmen" (Smith, Ottman 1987, S. 304).

Über die potentielle psychische Verarbeitung können also Umgebungsbedingungen den Charakter von psychischen Belastungen annehmen. Organismische Voraussetzungen des Handelnden determinieren dabei u.a. physiologische Reaktionsmuster, aber auch die Grenze, ab der eine Bewußtseinspflicht entsteht, ohne die von psychischer Verarbeitung nur hypothetisch gesprochen werden kann. Dieser Unterschied zeigt hauptsächlich Folgen in der Heterogenität von Belastungswirkungen.

"Die nicht an eine psychische Auseinandersetzung gebundene Wirkungsweise führt zu einer vergleichsweise homogeneren Wirkung als bei an psychische Auseinandersetzung gebundener Wirkungsweise" (Hacker 1986, S. 43).

Bevor hier das der Untersuchung zugrundeliegende Belastungskonzept ausgeführt wird, sei auf eine grundlegende Erweiterung des Modells von Heeg eingegangen.

Bislang wurde eine abstrakte Ebene vorgestellt, die den Rahmen der Gesamttätigkeit umfaßt, die konkrete Handlungen dabei zunächst außer acht läßt. Für die Konzipierung einer Studie zur Wirkung von psychischer Belastung ist neben der Integration eines Belastungsmodells in diese abstrakte Ebene eine handlungstheoretische Erweiterung durch eine Ebene der Ausführungsregulation erforderlich. Auch in diese Ebene muß das Belastungsmodell integrierbar sein. Damit wird angestrebt, ein allgemeines Modell des Zusammenhangs von Arbeitsbedingungen und personalen Bedingungen mit konkreter Arbeitshandlungsausführung und Belastungswirkung zu entwickeln. Anhand dieses Modells können dann Operationalisierungen der relevanten Größen für realitätsnahe Untersuchungen zu psychischen Belastungen und Arbeitsgestaltungsmaßnahmen bei Verteiler-LKW-

Tätigkeiten vorgenommen werden. Durch die Hinzunahme einer "konkreten Ebene" in das theoretische Modell sind dann Handlungsergebnisse mit den Bedingungen der Arbeit in Verbindung zu bringen, womit Beurteilungsmöglichkeiten der Bedingungen jeweils durch Vergleich der Handlungsergebnisse auf quantitativer und qualitativer Basis entstehen.

Schon Kaminski (1981) unterschied in seinem Modell eines Handlungsraumkonzeptes einen Orientierungsteil und einen nachfolgenden Realisierungsteil. Für diesen letzteren wurde hier der Begriff der "konkreten Ebene" gewählt (vgl. Abbildung 5.3).

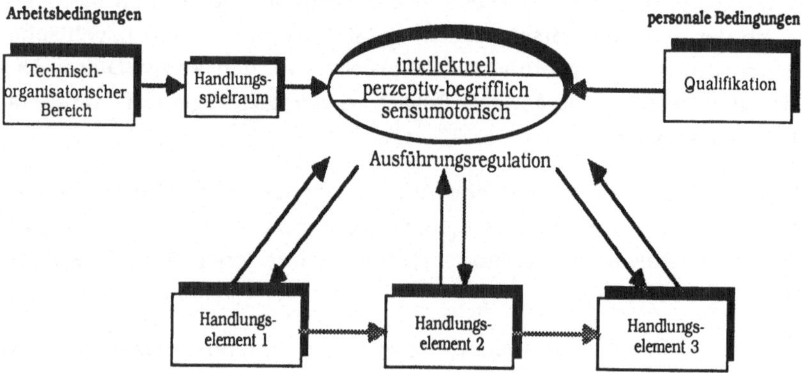

Abbildung 5.3: Zusammenhangsmodell von Arbeitsbedingungen und personalen Bedingungen - konkrete Ebene -

Anders als bei Kaminski wird auf der konkreten Ebene (Realisierungsteil) nicht von Handlungsraumkonzept, sondern von Ausführungsregulation gesprochen. Hacker (1986) versteht darunter den Prozeß, der "bestimmt, auf welche Weise gehandelt wird" (Hacker 1986, S. 71).

Dies kann auf den schon erwähnten Ebenen der psychischen Regulation geschehen (intellektuelle, perzeptiv-begriffliche und sensumotorische Ebene). Im Unterschied zum Handlungsraumkonzept der abstrakten Ebene, das Regulationsprozesse ohne unmittelbare Handlungsfolgen enthält, bezieht sich die Ausführungsregulation (konkrete

Ebene) ausschließlich auf "handlungsleitende und veranlassende (Anmerkung des Verfassers: Regulationsprozesse), d.h. orientierende und regulierende psychische Vorgänge und Repräsentationen, die tatsächliche Bedingungen und Ursachen von bestimmten Vollzugsformen sind" (Hacker 1986, S. 71).

Dabei kann die Ausführungsregulation als die aktivierte Teilmenge des beruflichen Handlungsvermögens angesehen werden, die zur Bewältigung einer konkreten Arbeitsaufgabe erforderlich ist. Auf dieser Ebene beeinflussen Arbeitsbedingungen und personale Bedingungen die Generierung von Handlungselementen. Während der objektive Handlungsspielraum der abstrakten Ebene generelle Regeln, Einschränkungen oder Möglichkeiten enthält, stellt er sich auf der konkreten Ebene in Form von spezifischen Regeln etc. dar, mit denen der Handelnde konfrontiert wird. Eine ähnliche Unterscheidung gilt für die personalen Bedingungen. Für die abstrakte Ebene werden allgemeine, generelle kognitive Qualifikationen benötigt, um das Handlungsraumkonzept zu generieren, wogegen für die Ausführungsregulation spezifische, direkt auf konkrete Handlungselemente bezogene Qualifikationen erforderlich sind. Organismische Leistungsvoraussetzungen spielen dabei die schon angesprochene vermittelnde Rolle. Im Sinne der hierarchisch-sequentiellen Handlungsregulation werden Handlungselemente durch die Ausführungsregulation gesteuert, werden Rückmeldungen über Erfolg oder Mißerfolg verarbeitet und stellenweise führen Ketten von Handlungselementen automatisch bis hin zum Arbeitsergebnis, sofern rein sensumotorische Regulationen erforderlich sind.

Durch die Verknüpfung von abstrakter und konkreter Ebene der Handlungsregulation in einem erweiterten handlungstheoretischen Modell (siehe Abbildung 5.4) können Wirkungsfaktoren auf die letztendliche Handlungsausführung, wie sie sich in Arbeitsbedingungen und personalen Bedingungen unterscheiden lassen, anschaulich dargestellt werden.

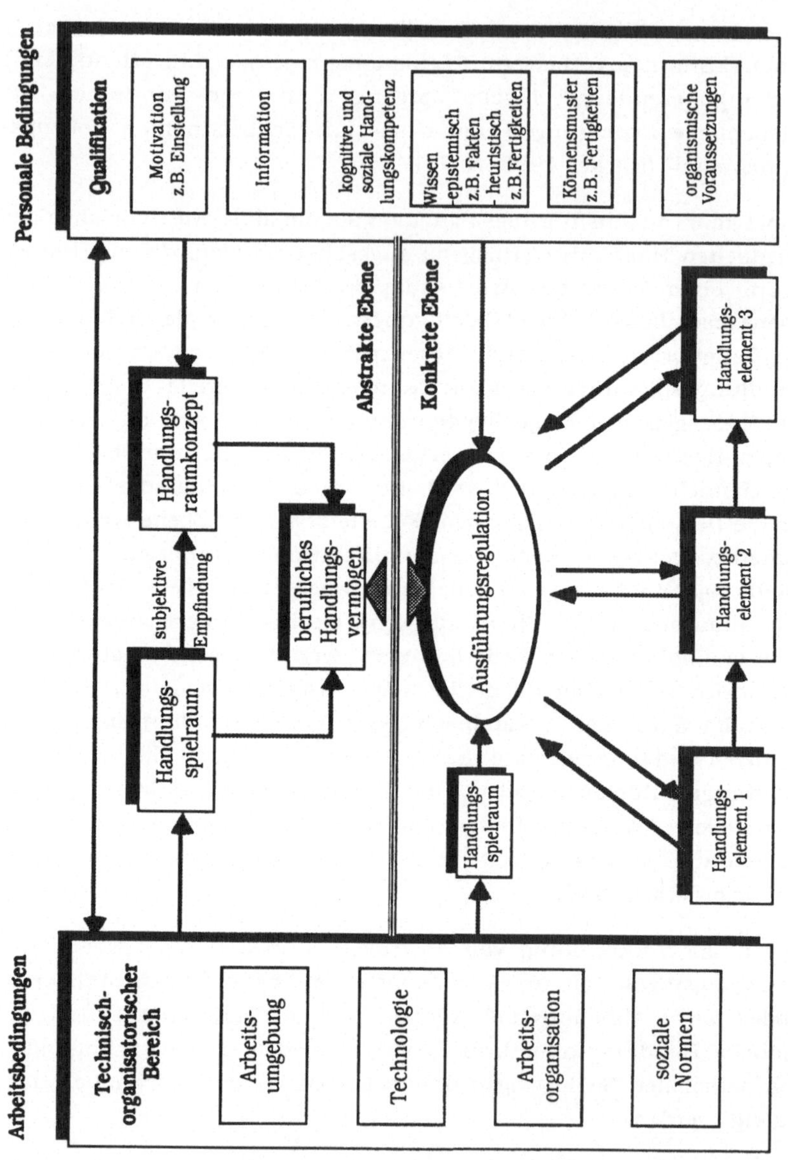

Abbildung 5.4: Gesamtzusammenhangsmodell von Arbeitsbedingungen und personalen Bedingungen - abstrakte und konkrete Ebene

Es können Thesen zur Durchführung von Arbeits- und Technikgestaltung formuliert werden, die beide Ebenen berücksichtigen. So sollten derartige Maßnahmen zu einer Erweiterung des Handlungsspielraums führen, gleichzeitig aber auch Qualifizierungschancen ermöglichen, die diesen Handlungsspielraum auch subjektiv in ein Handlungsraumkonzept des Arbeitenden einfließen lassen können. Ein solchermaßen qualitativ und quantitativ erweitertes berufliches Handlungsvermögen darf nun nicht auf der konkreten Ebene durch dort vernachlässigte Maßnahmen wieder behindert werden, d.h. in der aktivierten Teilmenge des Handlungsvermögens muß der konkrete Handlungsspielraum dem abstrakten Niveau angepaßt sein und der realisierte Handlungsvollzug (Handlungselemente) tatsächlich auf diesen gewonnenen Qualifikationen bzw. Handlungsspielräumen aufbauen können. Oftmals bewegen sich Arbeitsgestaltungsmaßnahmen ausschließlich auf einer der beiden Ebenen, womit entweder zwar ein objektiver abstrakter Handlungsspielraum geschaffen wird, auf konkreter Ebene jedoch durch vielfältige Einschränkungen wieder aufgehoben wird oder lediglich ein konkreter Handlungsspielraum gewonnen wird, der aber nur bedingt das berufliche Handlungsvermögen erweitert und damit nur eine kurzfristige Verbesserung für die Arbeitenden bedeutet. Liegen später wieder veränderte Arbeitsbedingungen vor, so geht der vorherige Freiraum verloren. In der Regel hat der Arbeitende nun aber keine übergeordnete Strategie entwickelt, mit der er sich der veränderten Situation anpassen könnte und verharrt somit auf dem vormaligen Niveau seines Handlungsvermögens.

Zusammenfassend läßt sich also feststellen, daß Maßnahmen der Arbeits- und Technikgestaltung auf der abstrakten Ebene zu einer Erweiterung des beruflichen Handlungsvermögens führen können, wenn sie personale Bedingungen ausreichend berücksichtigen. Ein Transfer dieses Vermögens auf ein Spektrum von Ausführungsregulationen für den Arbeitenden ist möglich. Andererseits muß gewährleistet sein, daß auf der konkreten Ebene Vollzugschancen des beruflichen Handlungsvermögens in adäquater Weise realisiert werden, um zu vermeiden, daß - z.B. durch Behinderungen oder Überforderungen - dieses einmal erworbene Handlungsvermögen nicht in eine aktivierte Ausführungsregulation transformiert wird (vgl. Leitner, Volpert, Greiner, Weber, Hennes 1987).

5.3 Regulationsbehinderungen in Abgrenzung zu Regulationserfordernissen - psychische Belastungen und Beanspruchungen

Behinderungen und Überforderungen stellen in diesem Zusammenhang wirksame psychische Belastungen auf der Ebene der Ausführungsregulation dar, wie sie durch das RHIA-Verfahren (Verfahren zur Ermittlung von Regulationshindernissen. Leitner, Volpert, Greiner, Weber, Hennes 1987) postuliert werden. Zusammen mit dem Verfahren VERA (Verfahren zur Ermittlung von Regulationserfordernissen in der Arbeitstätigkeit. Volpert u.a. 1983) wird das RHIA-Verfahren zur Arbeitsanalyse primär in der Erfassung und Bewertung des Zusammenhanges von Arbeitsbedingungen und psychischen bzw. psychologischen Merkmalen des arbeitenden Menschen eingesetzt. Beide Verfahren basieren auf handlungsregulationstheoretischen Modellvorstellungen, wie sie eingangs beschrieben wurden. Das VERA-Verfahren fragt in erster Linie danach, welches Regulationsniveau eine Arbeitstätigkeit erfordert und ermöglicht dadurch einen Vergleich verschiedener Tätigkeiten. Ziel ist es dabei, Hinweise darauf zu geben, welche Änderungen der Arbeitsbedingungen in Betracht zu ziehen sind, um die Regulationserfordernisse einer vorliegenden Arbeitstätigkeit zu erhöhen. Dies könnte beispielsweise dadurch geschehen, daß der Verteiler-LKW-Fahrer Aufgaben aus der Disposition übernimmt oder seine Zuständigkeit auf Prüf-, Wartungs- und Reparaturarbeiten an seinem Fahrzeug erweitert wird.

Das RHIA-Verfahren ist als eine Ergänzung des VERA-Verfahrens zu verstehen. Es stellt einerseits ein theoretisches Belastungskonzept dar, andererseits ein Verfahren, mit dessen Hilfe Regulationshindernisse in der Arbeitstätigkeit untersucht werden können. "Mit RHIA kann ermittelt werden, welchen und wie starken Belastungen ein Arbeitender bei der Durchführung seiner Arbeitsaufgabe ausgesetzt ist" (Leitner, Volpert, Greiner, Weber, Hennes 1987, S. 5). Regulationserfordernisse lassen sich nach Oesterreich (1984) in fünf Ebenen untergliedern (vgl. Tabelle. 5.1).

Ebene 5	**Erschließung neuer Handlungsbereiche**
Stufe 5:	Neu einzuführende, ineinandergreifende Arbeitsprozesse, ihre Koordination und materiellen Bedingungen sind zu planen.
Stufe 5R:	Wie Stufe 5, die neuen Arbeitsprozesse sind Ergänzungen zu bereits laufenden Arbeitsprozessen, welche möglichst wenig verändert werden sollten.
Ebene 4	**Koordination mehrerer Handlungsbereiche**
Stufe 4:	Mehrere Teilzielplanungen (im Sinne der Stufe 3) von sich gegenseitig bedingenden Teilen des Arbeitsprozesses sind miteinander zu koordinieren.
Stufe 4R:	Zwar ist nur eine Teilzielplanung erforderlich, hierbei sind jedoch Bedingungen für andere (nicht selbst zu leistende) Teilzielplanungen zu beachten.
Ebene 3	**Teilzielplanung**
Stufe 3:	Es kann vorab nur eine grob bestimmte Abfolge von Teiltätigkeiten geplant werden. Jede Teiltätigkeit erfordert eine eigene Planung (im Sinne der Stufe 2). Nach Abschluß einer Teiltätigkeit muß erneut das weitere Vorgehen durchdacht werden.
Stufe 3R:	Vorab liegt eine Abfolge von Teiltätigkeiten fest. Jede Teiltätigkeit erfordert eine eigene Planung.
Ebene 2	**Handlungsplanung**
Stufe 2:	Die Abfolge der Arbeitsschritte muß vorab geplant werden, die Planung reicht jedoch bis hin zum Arbeitsergebnis.
Stufe 2R:	Die Abfolge der Arbeitsschritte ist festgelegt. Sie ist jedoch immer wieder so unterschiedlich, daß sie vorab gedanklich vergegenwärtigt werden muß.
Ebene 1	**Sensumotorische Regulation**
Stufe 1:	Für den Entwurf der zu regulierenden Abfolge von Arbeitsbewegungen bedarf es keiner bewußten Planung, obwohl mitunter ein anderes Werkzeug verwendet werden muß.
Stufe 1R:	Wie Stufe 1, jedoch sind stets nur die gleichen Werkzeuge erforderlich.

Tabelle 5.1: Kurzdefinition der Regulationserfordernisse im Arbeitsanalyseverfahren VERA (Leitner, Volpert, Greiner, Weber, Hennes 1987, S. 15)

Hierbei handelt es sich um eine differenzierte Aufgliederung der schon erwähnten drei Regulationsebenen (intellektuelle, perzeptiv-begriffliche, sensumotorische Ebene). Zur Vereinfachung wird in den hier vorliegenden Ausführungen weiterhin das Drei-Ebenen-Modell beibehalten, da für das allgemeine Arbeitsbedingungen-Belastungskonzept diese grobe Auflösung vollkommen ausreicht.

Belastungen (Regulationsbehinderungen) können nun auf allen oben genannten Ebenen auftreten und sind somit unabhängig von existierenden Regulationserfordernissen. Im einzelnen werden im RHIA-Verfahren Regulationshindernisse von Regulationsüberforderungen unterschieden. Dabei werden solche Belastungstypen den Regulationshindernissen zugeordnet, die direkt auf den Arbeitsablauf wirken. Bezogen auf einzelne Handlungselemente wirken diese operationsspezifisch (Erschwerungen) oder störungsspezifisch (Unterbrechungen). Im Vergleich dazu umfassen Regulationsüberforderungen diejenigen Belastungstypen, die entweder aufgabenimmanent (Zeitdruck, Monotonie) oder aufgabenunspezifisch (Umgebungsbedingungen) auftreten. Hierbei ist keine eindeutige Kopplung mit einem spezifischen Handlungselement erforderlich, d.h. Regulationsüberforderungen können zu jedem Zeitpunkt der Arbeitsaufgabe auftreten. Die Abbildung 5.5 stellt die einzelnen Belastungstypen des RHIA-Verfahrens zusammen.

Sowohl das RHIA- als auch das VERA-Verfahren werden als bedingungsbezogene Analyseinstrumente eingesetzt, d.h. sie zielen auf eine Abbildung der Arbeitsbedingungen ab, die unabhängig vom einzelnen Arbeitenden getroffen wird. Mit Hilfe der Methode des "Beobachtungsinterviews" können beide Verfahren auf der Ebene umfassender Tätigkeiten oder auch als Mikroanalyse auf der Ebene einzelner Teiltätigkeiten (Arbeitseinheiten) eingesetzt werden.

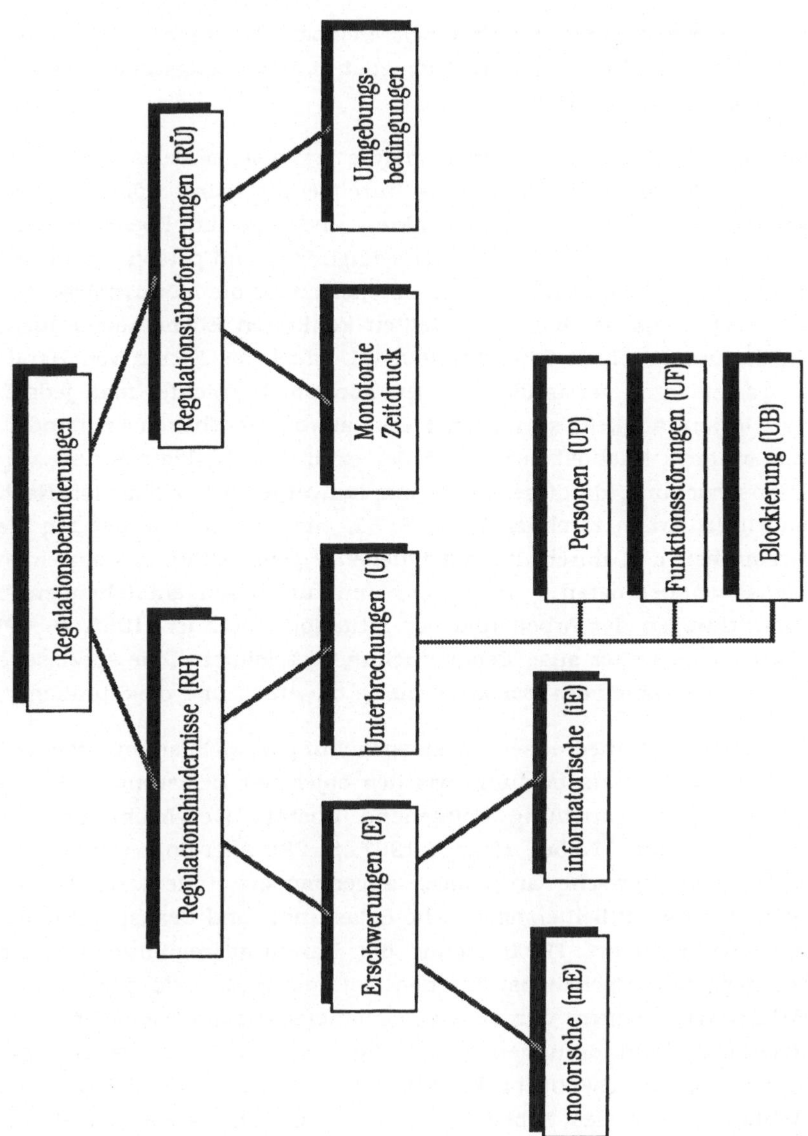

Abbildung 5.5: Regulationsbehinderungen nach dem RHIA-Verfahren (in Anlehnung an Leitner, Volpert, Greiner, Weber, Hennes 1987, S.20)

5.4 Vergleich zwischen arbeitswissenschaftlich-ergonomischem Belastungs-/Beanspruchungskonzept und handlungstheoretischem Belastungskonzept

Mit einer bedingungsbezogenen Analyse psychischer Belastungen, wie sie mittels des RHIA-Verfahrens durchgeführt wird, können keine getrennten Aussagen über die konkrete und abstrakte Ebene des Wirkungszusammenhangs von Arbeitsbedingungen und personalen Bedingungen gewonnen werden. Noch am ehesten ist die Mikroanalyse dieses Verfahrens der hier vorgestellten konkreten Ebene zuzuordnen, da die untersuchten Teiltätigkeiten u.U. auch als Ketten von Handlungselementen verstanden werden können. Betrachtet man jedoch die Gesamttätigkeit, so fließen Merkmale beider Ebenen ineinander. Ein weiterer Nachteil besteht in der expliziten Ausklammerung von Beanspruchung, da diese jeweils nur individuell feststellbar ist. Nach Laurig (zitiert in Kirchner 1986, S. 69) bedeutet Beanspruchung die Gesamtheit der, durch die individuellen Eigenschaften des einzelnen Menschen bedingten, - in diesem und für diesen entstehenden -, Auswirkungen der Arbeit und der Situation. Kirchner (1986, S. 69) führt hierzu weiter aus: "Beanspruchung bezeichnet ... die spezifische Inanspruchnahme des Menschen durch die Arbeit und die Situation".

Das handlungstheoretische Beanspruchungsmodell stimmt mit der begrifflichen Unterscheidung zwischen objektiver Belastung und subjektiver Beanspruchung weitgehend überein (vergleiche Leitner, Volpert, Greiner, Weber, Hennes 1987, S. 29). Allerdings werden z.T. andere definitorische Grundlagen angenommen. Anders als das arbeitswissenschaftlich ergonomische Belastungs- und Beanspruchungskonzept (Rohmert 1984) trennt die Handlungsregulationstheorie "konzeptuell zwischen psychischen Anforderungen und psychischen Belastungen: Erstere werden als Regulationserfordernisse, letztere als Regulationsbehinderungen gefaßt. Im Gegensatz zum Belastungs-/Beanspruchungskonzept können Belastungen prozeßbezogen als Behinderungen des Arbeitshandelns dargestellt werden" (Leitner, Volpert, Greiner, Weber, Hennes 1987, S. 30). Für die letztliche Wirkung dieser psychischen Belastungen wird jedoch kein empirisch prüfbarer Vorschlag vorgestellt.

Das hier referierte theoretische Modell versucht einerseits eine Präzisierung des handlungsregulationstheoretischen Ansatzes, indem zwischen einem abstrakten Handlungsraumkonzept und einem beruflichen Handlungsvermögen sowie einer konkreten Ausführungsregulation unterschieden wird, klammert andererseits Beanspruchung nicht aus, sondern schlägt eine Untersuchungsstrategie vor, mit deren Hilfe Qualität und Quantität von Handlungselementen empirisch unter verschiedenen wirksamen Arbeitsbedingungen geprüft werden. Zu dieser Prüfung wurde eine Computersimulation konzipiert und dort neben Befindensdaten, Leistungsdaten aus einer Vielzahl von Handlungselementen erhoben, die als Indikator für spezifische Beanspruchung in unterschiedlichen Arbeitsbedingungen (hier: in einer Verteiler-LKW-Situation) gelten sollen. Zunächst wurde das allgemeine Modell des Zusammenhangs zwischen Arbeitsbedingungen und personalen Bedingungen (siehe Abbildung 5.4 auf Seite 22) um das handlungsregulationstheoretische Belastungskonzept erweitert. Anschließend wurde eine Untersuchungsstrategie entwickelt, die zum einen das Belastungs-/Beanspruchungsmodell mit einbezog, zum anderen ein Schwergewicht auf aufgabenunspezifische Behinderungen legte, wie sie bei der Verteiler-LKW-Tätigkeit häufig zu beobachten sind. Die Computersimulation wurde anderen Verfahrensweisen vorgezogen, da hiermit ein Instrument geschaffen werden sollte, das eine Variationsbreite einwirkender Arbeitsbedingungen mit einbeziehen kann und gleicherweise personale Bedingungen in Form eines breiten Spektrums von Schlüsselqualifikationen abbilden soll.

5.5 Integration des Belastungskonzeptes in das Zusammenhangsmodell von Arbeitsbedingungen und personalen Bedingungen

Im folgenden soll das integrierte Zusammenhangsmodell von Arbeitsbedingungen und personalen Bedingungen und möglichen Belastungswirkungen erläutert werden. Psychische Belastung, hier als Regulationsbehinderung definiert, wirkt prozeßbezogen (vergleiche Leitner, Volpert, Greiner, Weber, Hennes 1987, S. 30). Vergegenwärtigt man sich an dieser Stelle die Grundannahme der Handlungsregulationstheorie, daß Handeln zielgerichtetem Verhalten entspricht, so lassen sich Regulationsbehinderungen als mehr oder weniger zufällige Ereignisse oder Zustände beschreiben, die ständig die Zielerreichung behindern (vergleiche auch Abbildung 5.6).

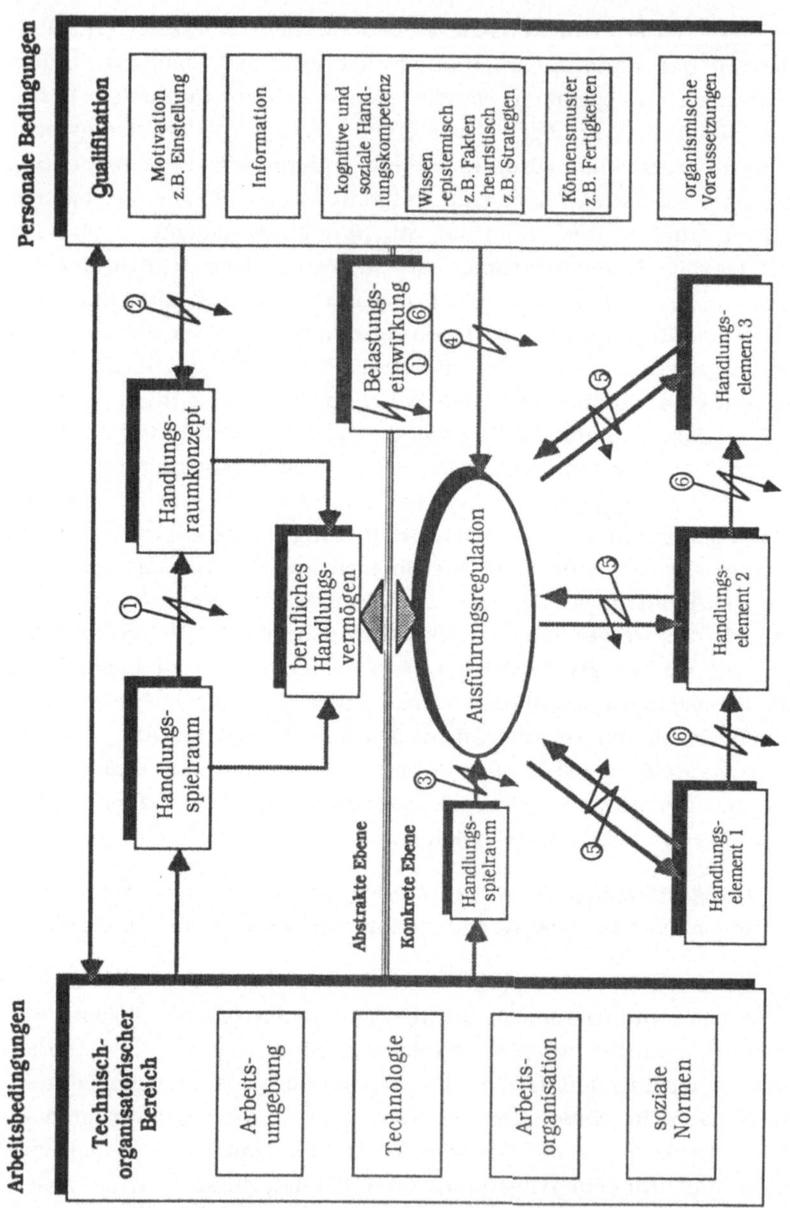

Abbildung 5.6: Integriertes Zusammenhangsmodell von Arbeitsbedingungen und personalen Bedingungen und möglichen Belastungswirkungen (Erläuterungen im Text)

Für Regulationsbehinderungen kann dies "zwei Konsequenzen haben:

1. Der Umgang mit der Behinderung erzwingt vom Arbeitenden zusätzlichen Aufwand oder riskantes Handeln;
2. die Behinderung überfordert die allgemeinen Leistungsvoraussetzungen des Arbeitenden im Hinblick auf seine Regulationsfähigkeit" (Leitner, Volpert, Greiner, Weber, Hennes 1987, S. 19).

Welche Prozesse sind nun von dieser Einwirkung betroffen? Auf der abstrakten Ebene des Zusammenhangsmodells sind mentale und emotionale Beanspruchungen (vergleiche Kirchner 1986, S. 70) betroffen, also all diejenigen psychischen Verarbeitungsschritte, die zur Konstituierung des Handlungsraumkonzeptes beitragen. Regulationsbehinderungen können eine adäquate mentale Repräsentation des objektiven Handlungsspielraums behindern oder gar unmöglich machen (Fall 1) oder wirken hinderlich bei der Generierung vorhandener Qualifikationen (Fall 2). Auf der konkreten Ebene sind mannigfaltige Wirkungen von psychischer Belastung denkbar. Behinderungen können den aktuellen Handlungsspielraum entweder nur verzerrt oder kaum wahrnehmbar werden lassen (Fall 3), potentiell verfügbare Qualifikationen können aktuell nicht oder nur erschwert genutzt werden (Fall 4). Die Ausführung eines Handlungselements wird zum Zeitpunkt der Ausführung im Ansatz oder während des Vollzugs erschwert, gestört oder unterbunden, Rückmeldung über Erfolg bzw. Mißerfolg der Handlungsausführung wird gestört oder erschwert (Fall 5) (in der Abbildung 5.6 werden die beiden Alternativen des Falls 5 durch Doppelpfeile angedeutet) oder die automatische Fortsetzung eines Handlungselementes durch ein anderes wird erschwert, gestört oder unterbrochen (Fall 6). Regulationshindernisse sind dabei immer auf Fälle bezogen, die in unmittelbarer Verknüpfung mit einem spezifischen Handlungselement stehen. Regulationsüberforderungen sind dagegen überwiegend in Fall 1-4 wirksam, wirken daher eher indirekt auf ein konkretes Handlungselement. Für alle Fälle lassen sich zwei Grundmuster möglicher Beanspruchung finden. Belastung kann

1. als Filter wirken und dadurch zu Beanspruchung führen, z.B. wenn objektiv vorhandenes Wissen infolge einer Belastung nicht zur Bildung des Handlungsraumkonzeptes eingesetzt werden

kann. Dabei ist jeweils offen, in welcher Richtung sich diese Beanspruchung individuell bewegt, d.h. ob es zu einer erhöhten oder gar reduzierten Inanspruchnahme von Leistungsvoraussetzungen (Qualifikationen) kommt und

2. Ursache für einen Handlungsabbruch sein, wenn die ausgelöste Beanspruchung entweder die individuellen Kapazitätsgrenzen überschreitet oder Situationen bzw. Zustände bewirkt werden, in denen keine mentale Verarbeitung und/oder Ausführungsregulation mehr möglich ist (Unterbrechungen, Umgebungsbedingungen usw.).

Die weiter oben geschilderten Konsequenzen "zusätzlicher Aufwand" oder "riskantes Handeln" und "Überforderung der allgemeinen Leistungsvoraussetzungen" sind dabei als objektive Folgen von Behinderungen anzusehen und decken sich daher nicht unbedingt mit der resultierenden subjektiven Beanspruchung des einzelnen Arbeitenden. Für die hier aufgestellten Hypothesen über den Zusammenhang von Belastung und Beanspruchung 1. als Filter und 2. als Handlungsabbruch gilt dagegen, daß jede subjektive Beanspruchung einer der beiden Kategorien zugeordnet werden kann und damit eine empirische Untersuchung konkreter Belastungsfolgen auf experimentelle Weise sinnvoll erscheint. Die Methode des Beobachtungsinterviews erweist sich solange als vorteilhaft, wie ein rein beschreibendes Untersuchungsniveau zur Belastungsanalyse gewählt wird. Für die Entwicklung und Evaluation von Gestaltungsmaßnahmen kann dieses Niveau nicht als ausreichend betrachtet werden. Andererseits beziehen sich Studien die jeweils nur eine isolierte Belastung auf ihre beanspruchende Wirkung hin analysieren auf einen für den Gesamtzusammenhang von abstrakter und konkreter Ebene der Arbeitsbedingungen und personalen Bedingungen zu engen Ausschnitt der Wirklichkeit. Die Computersimulation kann diesbezüglich als ein Mittelweg angesehen werden, da komplexe Realitätsgefüge abgebildet werden können und dementsprechend eine Vielzahl wirksamer Belastungen auf ihre beanspruchende Wirkung hin überprüft werden, obwohl eine künstliche Untersuchungsumgebung nicht ganz vermieden werden kann. Gerade aber für psychische Belastungen muß bei der Konzeption einer Wirkungsanalyse gefordert werden, daß Ausschnitte beider Ebenen des Bedingungszusammenhanges in der Untersuchungssituation abgebildet werden.

6. Entwicklung eines Simulationsmodells

Wie bereits in Kapitel 3 ausgeführt, wurde in der Vergangenheit bereits eine Vielzahl von Untersuchungen durchgeführt, die sich mit der bei der Fahrzeugführung auftretenden Belastung und Beanspruchung des Fahrers befaßten. Ziel all dieser Untersuchungen war letztendlich die Erforschung der komplexen Wirkungsmechanismen zwischen Fahrer-Fahrzeug-Umwelt. Die Vorgehensweise zur Zielerreichung gestaltete sich dabei äußerst unterschiedlich und die Ergebnisse waren oft nur mit Einschränkungen umsetzbar. Darüberhinaus waren die Untersuchungen oft mit großem Aufwand für die Vorbereitung, Durchführung und Auswertung verbunden. Umfassende Untersuchungen mit mehreren Meßbereichen führten zu einer Unmenge von Daten, die einer systematischen Auswertung nur noch schwer zugänglich war, da sie einen erheblichen Aufbereitungsaufwand erforderlich machten.

Eine Möglichkeit zur Reduzierung dieses Aufwandes scheint durch den Einsatz von Simulationen gegeben zu sein, weshalb in bezug auf ihre Anwendung eine starke Zunahme zu verzeichnen ist. In einer von der Deutschen Planspiel-Zentrale herausgegebenen Literatur-Liste "Planspiel und Simulation" (Stand 1984) sind alleine 1278 Veröffentlichungen über Planspiele, Entscheidungs- Simulationen, Modell-Konstruktionen usw. aufgeführt. Es kann davon ausgegangen werden, daß - nicht zuletzt durch die rasante Entwicklung auf dem Computer-Sektor - diese Zahl in den letzten Jahren noch erheblich zugenommen hat.

Damit verbunden ist eine Vielzahl anzutreffender Simulationsbegriffe, so daß es sinnvoll erscheint, eine Definition des Begriffes für die hier vorliegende Problemstellung anzugeben.

Nach Rohmert bedeutet "Simulation innerhalb der Arbeitswissenschaft ... zielgerichtetes Experimentieren an Modellen von Arbeitssituationen; diese Modelle sollen weniger die Struktur der Realität in bezug auf den Arbeitsplatz und die Arbeitsumgebung exakt nachbilden, als vielmehr die wesentlichen Elemente des Arbeitsinhaltes, um eine angenäherte Verhaltensgleichheit in Aktionen und Reaktionen der unter Simulationsbedingungen untersuchten Versuchsperson zu erreichen.

Die Art der Simulation komplexer Mensch-Maschine-Systeme, das heißt die Lage im Kontinuum zwischen reinem Laborexperiment und echter Feldsituation, wird bestimmt durch das Untersuchungsziel" (Rohmert 1973, S. 224).

Aufbauend auf dem theoretischen Zusammenhangsmodell wird der Versuch einer Operationalisierung einer realen LKW-Fahrer-Tätigkeit unternommen. Fahrerhausgeräusche, extreme Witterungsbedingungen sind ebenso alltäglicher Bestandteil dieses Tätigkeitsfeldes wie Erschwernisse durch fehlende oder mangelhafte Hilfsmittel. Blockierungen durch lange Wartezeiten an Großverbrauchermärkten oder Überforderungen wie z.B. ständiger Zeitdruck bei einer großen Zahl anzufahrender Kunden. Es werden charakteristische Situationen der Tätigkeit auf Seiten der Arbeitsbedingungen in Form von Stressoren, auf Seiten der Arbeitsaufgabe in Form von Arbeitseinheiten und schließlich für die personalen Bedingungen die erforderlichen Schlüsselqualifikationen zur Bewältigung der Arbeitseinheiten ausgewählt. Zusammen gehen diese ausgewählten Situationen in eine Computersimulation ein, in der ein Nachweis von Wirkungszusammenhängen zwischen auftretenden Belastungen und Ausprägungen der Schlüsselqualifikation zu verschiedenen Probandengruppen versucht wird. Die aus den theoretischen Überlegungen gewonnenen Hypothesen werden durch einen Kontrollgruppenversuchsplan überprüft (siehe auch Abbildung 6.1).

Im nachfolgenden Kapitel wird die Entwicklung und Realisierung der Computersimulation detailliert beschrieben.

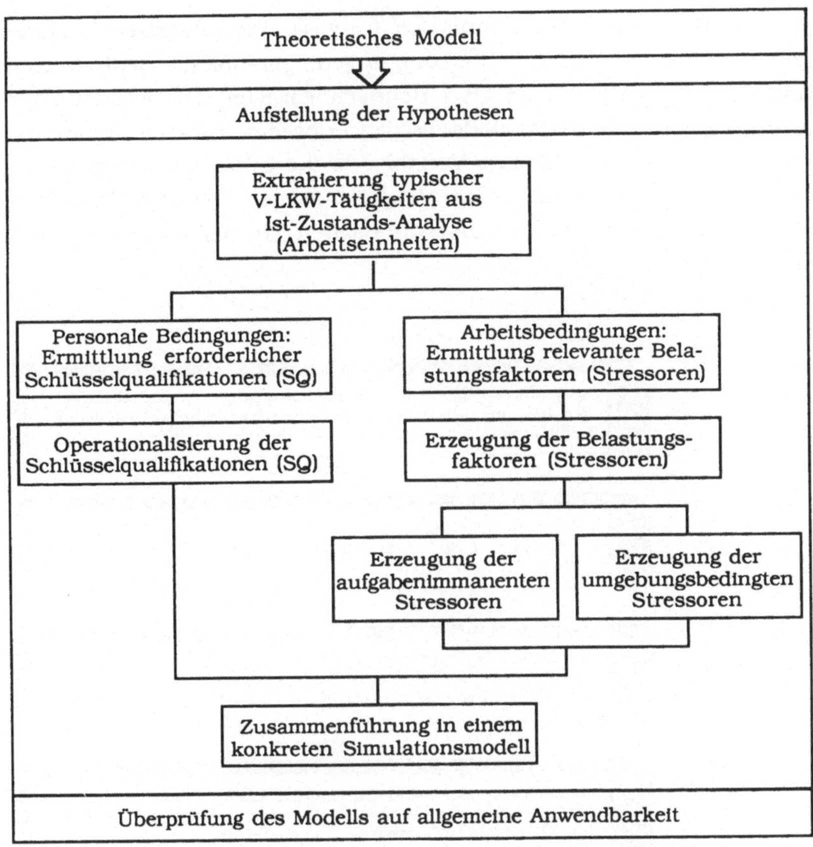

Abbildung 6.1: Prinzipielle Vorgehensweise bei der Entwicklung des Simulationsmodells

6.1 Realisierung des integrierten Zusammenhangsmodells in der Computersimulation

Im Rahmen der vorliegenden Untersuchung galt es, Aussagen über psychische Belastungen zu treffen, die durch verschiedene Arbeitsgestaltungsmaßnahmen (hier in Form unterschiedlicher Komponenten) auf den Arbeitenden bei der Erfüllung der Arbeitsaufgaben einwirken. Dazu wurde eine Computersimulation entwickelt, die typische Elemente einer Verteiler-LKW-Tätigkeit nachbildet.

Für die Gestaltung der Simulation fungiert das integrierte Zusammenhangsmodell von Arbeitsbedingungen, personalen Bedingungen und Belastungswirkungen als Orientierungsraster. Die wesentlichen Einflußfaktoren dieses Modells werden entweder in der Simulationsaufgabe oder als unabhängige Variablen in der Untersuchungssituation realisiert. Dabei umfaßt die Vorgehensweise bei der Operationalisierung der relevanten hypothetischen Größen sechs Schritte (siehe Abbildung 6.2).

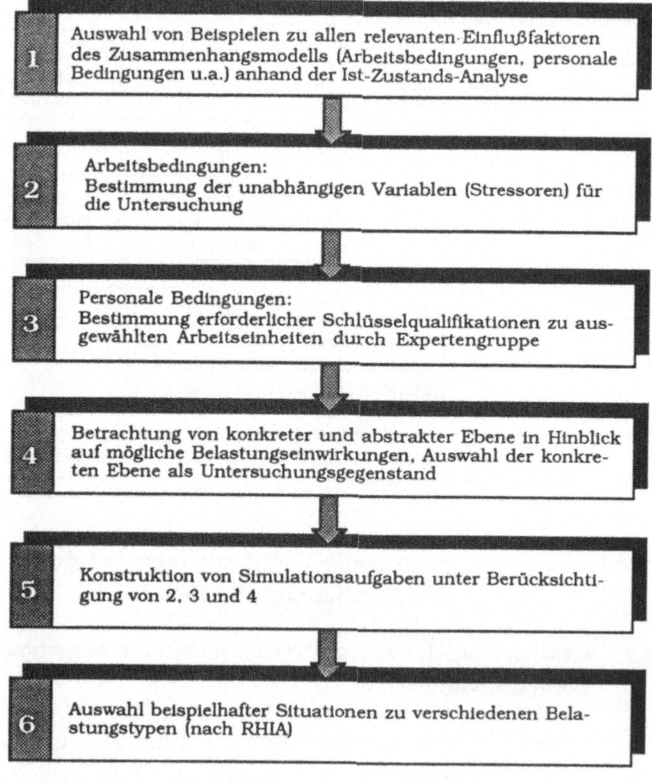

Abbildung 6.2: Ablaufplan bezüglich der Vorgehensweise bei der Operationalisierung der relevanten hypothetischen Größen

1. Auswahl von Beispielen zu den relevanten Einflußfaktoren des Zusammenhangsmodells

Aufgrund von Daten einer umfangreichen Ist-Zustandsanalyse in mehreren Betrieben (gewerblicher Verkehr (Speditionen) und Werkverkehr) werden konkrete und typische Beispiele für jeden relevanten Einflußfaktor (bezogen auf Arbeitsbedingungen, personale Bedingungen, Ausführungsregulation, Handlungselemente und Belastungseinwirkungen) ausgewählt.

2. Bestimmung der unabhängigen Variablen für die Untersuchung (Arbeitsbedingungen)

Bei den Arbeitsbedingungen geht es um die Bestimmung operationalisierbarer Größen, die in der Untersuchung als unabhängige Variablen (Stressoren) wirken sollen (siehe Abbildung 6.3).

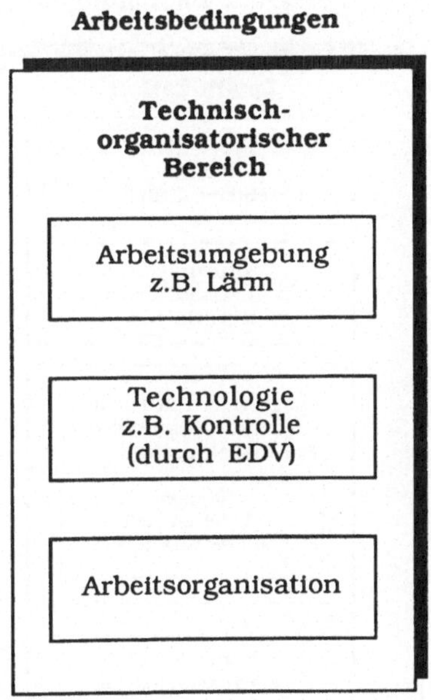

Arbeitsbedingungen

Technisch-organisatorischer Bereich

Arbeitsumgebung
z.B. Lärm

Technologie
z.B. Kontrolle
(durch EDV)

Arbeitsorganisation

Abbildung 6.3: Relevante Einflußgrößen der Arbeitsbedingungen mit Beispielen ihrer Operationalisierung

Eine detaillierte Erläuterung der operationalisierten Größen wird in Kapitel 6.6 vorgenommen.

3. Bestimmung der erforderlichen Schlüsselqualifikationen (personale Bedingungen)

Für die personalen Bedingungen wird ein anderer Weg zur Auswahl typischer Beispiele eingeschlagen, soweit es die Operationalisierung der kognitiven und sozialen Handlungskompetenz betrifft. Die in der Ist-Zustands-Analyse gewonnene Liste repräsentativer Arbeitseinheiten wird einer VERA-Mikroanalyse unterzogen, womit jeweils die Regulationserfordernisse einzelner Arbeitseinheiten bestimmt werden können. Außerdem erfolgt eine inhaltslogische Bestimmung der benötigten Schlüsselqualifikationen durch eine unabhängige Expertengruppe bestehend aus Fahrlehrern und Lehrgangsleitern (Facharbeiterlehrgang Berufskraftfahrer). Die Abbildung 6.4 zeigt die relevanten Einflußfaktoren und führt einige Beispiele der Operationalisierung an.

Personale Bedingungen

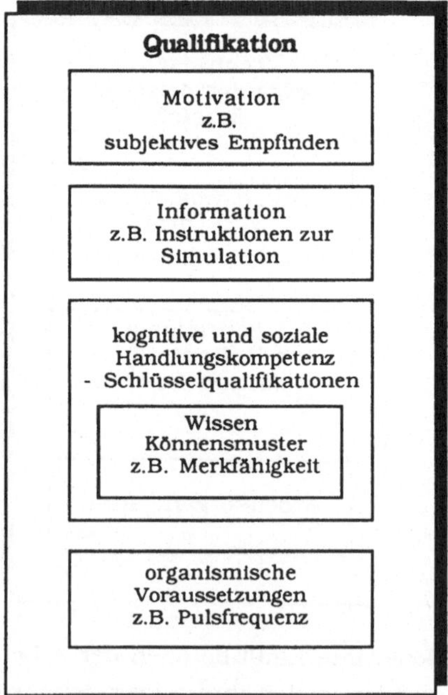

Abbildung 6.4: Relevante Einflußgrößen der personalenBedingungen mit Beispielen ihrer Operationalisierung

In Kapitel 6.3 wird eingehend auf die extrahierten Schlüsselqualifikationen und ihre Ermittlung eingegangen.

Organismische Voraussetzungen gehen in die Untersuchung durch die Auswahl einer physiologischen Meßgröße (Pulsfrequenz) ein, die als abhängige Variable bei allen Probanden erhoben wird.

4. Belastungseinwirkungen auf konkreter und abstrakter Ebene des Zusammenhangsmodells

Für die Realisierung von Belastungsgrößen in der Simulationsaufgabe werden konkrete und abstrakte Ebene des Zusammenhangsmodells gesondert betrachtet. Während die Realisierung der konkreten Ebene relativ problemlos erfolgen kann, da sie automatisch mit der Konstruktion aktueller Arbeitsbedingungen und personaler Bedingungen vorliegt, kann dies für die abstrakte Ebene nur indirekt geleistet werden. Den theoretischen Modellvorstellungen folgend besteht diese Ebene aus einer mentalen Repräsentation der Gesamttätigkeit, wie sie sich aus dem Zusammenwirken von Arbeitsbedingungen und personalen Bedingungen ergibt. Handlungsraumkonzept und berufliches Handlungsvermögen sind dabei nicht direkt beobachtbar, das berufliche Handlungsvermögen überhaupt nur durch die Gesamtmenge von aktuellen Ausführungsregulationen bestimmbar.

Auf die Computersimulation übertragen bedeutet dies, daß für die dort zu leistende Aufgabe vom Probanden ein Handlungsraumkonzept generiert wird, das einerseits Informationen und vorhandene Qualifikationen ausschöpft, andererseits durch die subjektive Wahrnehmung des vorgegebenen Handlungsspielraums determiniert wird. Eine Realisierung der dort möglichen Belastungseinwirkungen (Fall 1 und 2 des integrierten Zusammenhangsmodells) und deren empirische Überprüfung hätte allerdings den Rahmen dieser Untersuchung gesprengt. Daher beschränkt man sich auf einen Vergleich verschiedener Probandengruppen, wobei deren jeweiliges Gesamtergebnis in unterschiedlichen Versuchsabläufen als Indikator für die Güte des Handlungsraumkonzeptes gewertet wird. Um genauere Aussagen zu diesem Themenkomplex formulieren zu können, ist weitere Forschungsarbeit erforderlich. Die in 2. und 3. dargestellten Einflußgrößen beziehen sich daher ausschließlich auf die konkrete Ebene der Ausführungsregulation.

5. Konstruktion der Simulationsaufgabe

Nach Erstellung der Liste von Arbeitsbedingungen und Arbeitseinheiten mit entsprechenden personalen Bedingungen (Schlüsselqualifikationen) werden drei Aufgaben konstruiert, in die repräsentative Arbeitseinheiten eingehen und die je einer Ebene der Ausführungsregulation zugeordnet werden können. Abbildung 6.5 zeigt den sich daraus ergebenden Versuchsaufbau, der später noch genauer beschrieben wird. Unter Stressoren sind dabei diejenigen operationalisierten Größen der Arbeitsbedingungen zu verstehen, die als unabhängige Variablen während der Durchführung der Simulation variiert werden.

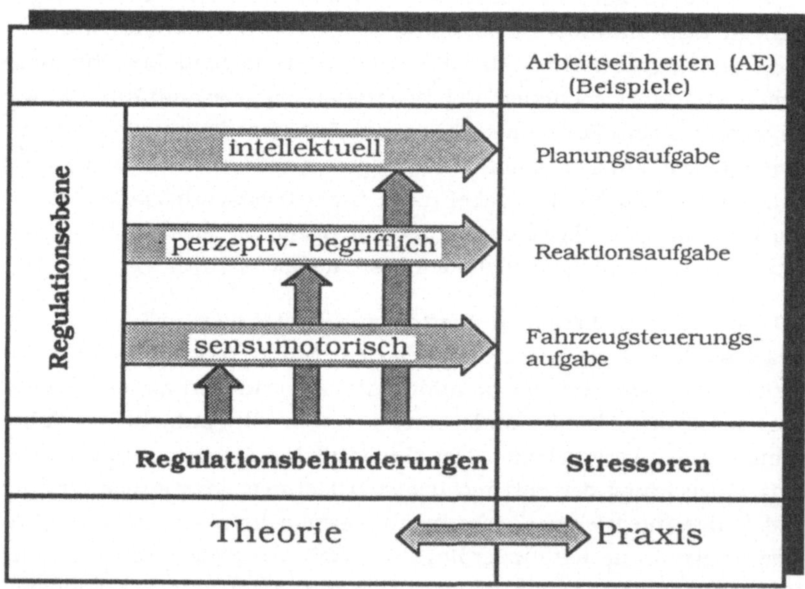

Abbildung 6.5: Versuchsaufbau der Simulation mit Praxisbeispielen.

Für jede der Aufgaben bzw. Schlüsselqualifikationen, die für ihre Bearbeitung erforderlich sind, existieren Merkmale in unterschiedlicher Anzahl, deren Erfüllungsgrad durch eine empirische Leistungsmessung ermittelt wird. Diese Merkmale entsprechen den

Handlungselementen des integrierten Zusammenhangsmodells. Dadurch kann der handlungsregulationstheoretischen Forderung nach prozeßbezogener Erfassung von Handlung entsprochen werden.

6. Auswahl beispielhafter Situationen (Belastungstypen)

Für die endgültige Gestaltung der Simulationsaufgabe werden zu den in RHIA formulierten Belastungstypen beispielhafte Situationen ausgewählt und in den Ablauf der Simulation eingebaut. Dazu kann auf Datenmaterial einer Untersuchung zu psychischen Belastungsschwerpunkten in der Verteiler-LKW-Tätigkeit zurückgegriffen werden. Neben einer realitätsnäheren Gestaltung der Simulationsaufgabe kann damit die Wirkung der unabhängigen Variablen, z.B. unter erschwerten Bedingungen, überprüft werden. Abbildung 6.6 zeigt einige exemplarische Situationen bezüglich der verschiedenen Belastungstypen.

Zusammenfassend läßt sich feststellen, daß die hier realisierte Computersimulation den Versuch darstellt, konkrete Aussagen über ein komplexes Wirkungsgefüge zu gewinnen. Dabei werden die beiden Bereiche der Arbeitsbedingungen und personalen Bedingungen durch operationalisierte Größen der sie bestimmenden Einflußfaktoren abgebildet. Es werden Handlungselemente unter verschiedenen belastenden Bedingungen (Stressoren) untersucht und als Ausprägungen der personalen Bedingungen (Schlüsselqualifikation) gemessen. Daraus soll sich als Ergebnis ein Profil der psychischen Belastung in einer simulierten Verteiler-LKW-Aufgabe ergeben.

Ziel einer solchen Untersuchungsstrategie ist der Test von Gestaltungsvarianten, z.B. unterschiedlicher Fahrzeugkomponenten, um so Vor- bzw. Nachteile durch die jeweilige Ausprägung des Belastungsprofils abschätzen zu können.

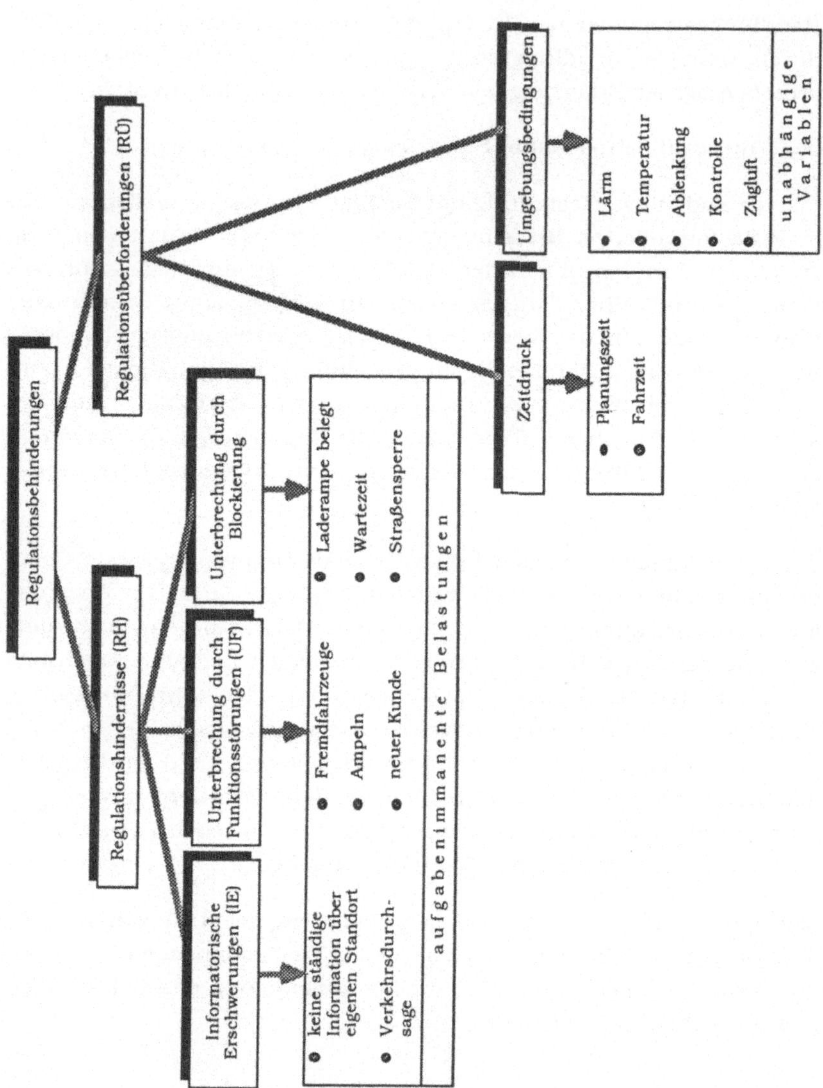

Abbildung 6.6: Regulationsbehinderungen nach dem RHIA-Verfahren mit Beispielen aus der Simulation (in Anlehnung an Leitner, Volpert, Greiner, Weber, Hennes 1987, S. 20)

Abbildung 6.7 zeigt vereinfacht, wie eine solche Vorgehensweise idealerweise aussehen kann.

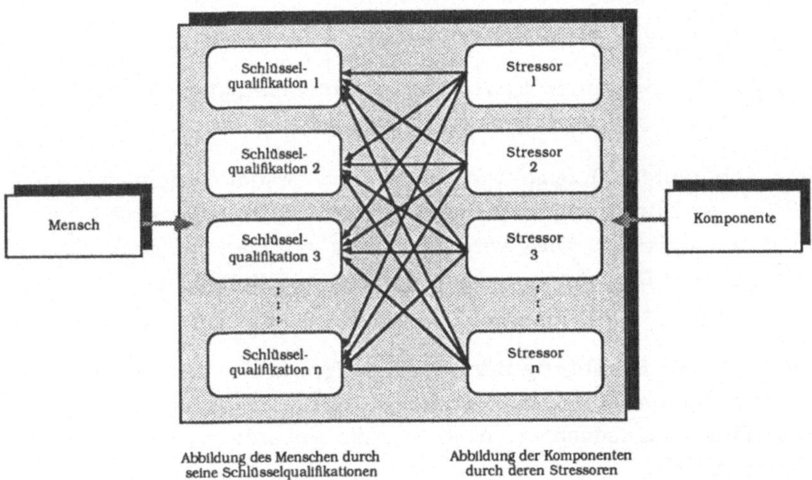

Abbildung 6.7: Empirische Überprüfung von Gestaltungsvarianten (Komponenten)

Die auf den Menschen wirkenden Komponenten werden durch die von ihnen ausgehenden Stressoren abgebildet. Die veränderte Ausprägung der Schlüsselqualifikationen (SQ) in Abhängigkeit von der Art, Intensität und Dauer der auf den Menschen einwirkenden Stressoren ist dann zu ermitteln.

6.2 Aufstellung der Hypothesen

Prinzipiell werden zwei Arten von Stressorwirkungen erwartet: Haupteffekte und Wechselwirkungen von Faktoren. Unter "Haupteffekten" sollen die Wirkungen der einzelnen Stressoren (Faktoren) verstanden werden. Von "Wechselwirkungen" bzw. "Interaktionen" zwischen verschiedenen Stressoren soll die Rede sein, wenn die Summe der Einzelwirkungen der Stressoren nicht gleich ihrem kombinierten Effekt ist. Die Wechselwirkung kann zu einer gegenseitigen Verstärkung oder Abschwächung der Einzeleffekte führen (Harbordt 1974a, S. 215).

Am Beispiel des Versuchsplans mit Meßwiederholung (vergleiche auch Kapitel 6.8.6) sollen die erwarteten Stressorwirkungen nachfolgend qualitativ dargestellt werden.

Fall 1: Versuchsgruppe 1 mit zwei Computersimulationsdurchgängen, jeweils mit Stressoren in zufälliger Abfolge beaufschlagt.

Wie Abbildung 6.8 zeigt, wird bei dieser Versuchsgruppe bezüglich des ersten Durchganges eine geringe Ausprägung der Schlüsselqualifikation erwartet. Dies wird einerseits auf den geringen Geübtheitsgrad der Probanden und andererseits auf die Wirkung der Stressoren zurückgeführt.

Beim zweiten Durchgang dürfte sich aufgrund der gleichen Stressorenwirkung im Mittel kein anderes Resultat ergeben. Durch den Lerneffekt wird jedoch erwartet, daß die Ausprägung der SQ insgesamt höher ist.

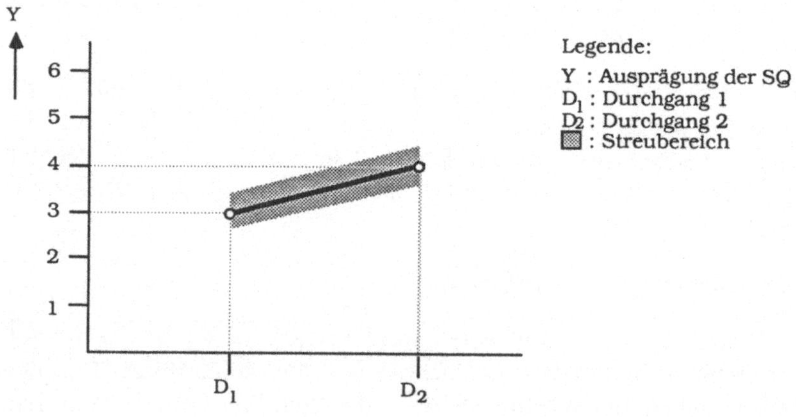

Abbildung 6.8: Graphische Darstellung der Hypothese für Fall 1. (Die Verbindung der Punkte dient lediglich der Verdeutlichung)

Fall 2: Versuchsgruppe 2 mit zwei Computersimulationsdurchgängen, erster Durchgang mit Stressoren in zufälliger Abfolge, zweiter Durchgang ohne Stressoren.

Bezüglich des ersten Durchganges sind die selben Ergebnisse, wie im Fall 1 beschrieben, zu erwarten. Beim zweiten Durchgang wird eine höhere Ausprägung der Schlüsselqualifikation dadurch begünstigt, daß einerseits ein gewisser Lerneffekt wirksam ist und andererseits die Ausprägung der SQ nicht durch die Wirkung von Stressoren beeinträchtigt wird (vergleiche Abbildung 6.9).

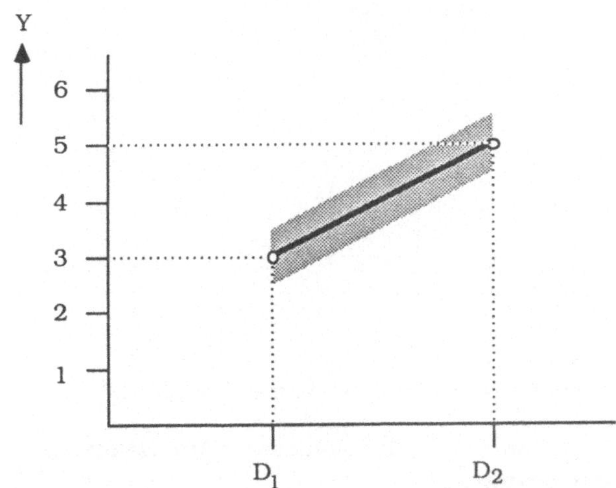

Abbildung 6.9: Graphische Darstellung der Hypothese für Fall 2

Fall 3: Versuchsgruppe 3 mit zwei Computersimulationsdurchgängen. Erster Durchgang ohne Stressoren, zweiter Durchgang unter Wirkung von Stressoren

Die Ergebnisse des ersten Durchganges sind durch eine im Vergleich zu Fall 1 bzw. Fall 2 höhere Ausprägung der SQ gekennzeichnet, da sie nicht durch die Wirkung von Stressoren beeinträchtigt werden. Für den zweiten Durchgang wird erwartet, daß sich die Zunahme der Ausprägung der Schlüsselqualifikationen durch Lerneffekte sowie die

Abnahme der Schlüsselqualifikationsausprägung infolge der Stressorwirkung teilweise kompensieren, so daß Ergebnisse des ersten bzw. zweiten Durchganges etwa auf demselben Niveau erwartet werden (vergleiche Abbildung 6.10).

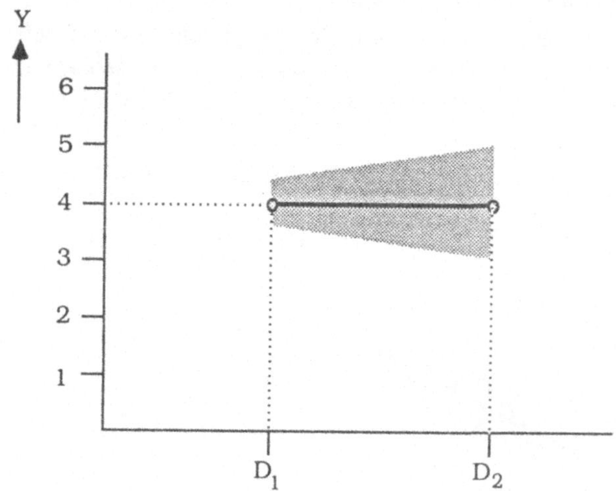

Abbildung 6.10: Graphische Darstellung der Hypothese für Fall 3

Fall 4: Kontrollgruppe mit zwei Computersimulationsdurchgängen jeweils ohne Stressorwirkung

Bei dieser Konstellation wird im ersten Durchgang ebenfalls eine höhere Ausprägung der Schlüsselqualifikation erwartet, da keine Beeinträchtigung durch Stressorwirkung vorliegt. Durch den zunehmenden Geübtheitsgrad ist im zweiten Durchgang mit einer noch höheren Ausprägung der SQ zu rechnen. Es wird demnach ein dem Fall 1 (zwei Durchgänge jeweils mit Stressoren) ähnliches Ergebnis, jedoch auf höherem Ausprägungsniveau der SQ erwartet (vergleiche Abbildung 6.11). Es bleibt jedoch zu untersuchen, ob sich der Lerneffekt unter Wirkung von Stressoren von dem ohne Stressorwirkung unterscheidet.

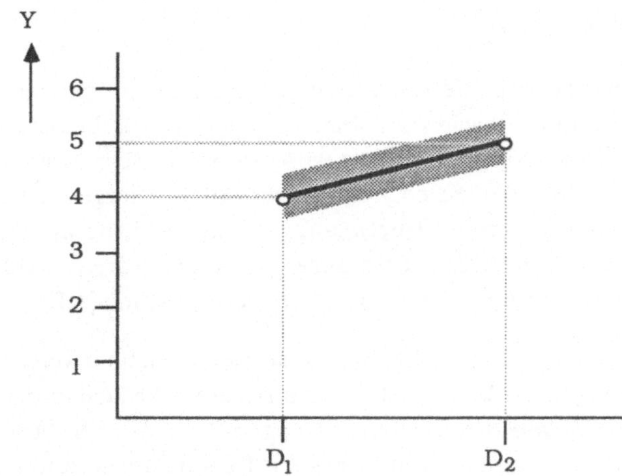

Abbildung 6.11: Graphische Darstellung der Hypothese für Fall 4

Faßt man die vier Teilhypothesen zusammen, so ergibt sich die in Abbildung 6.12 dargestellte Gesamthypothese.

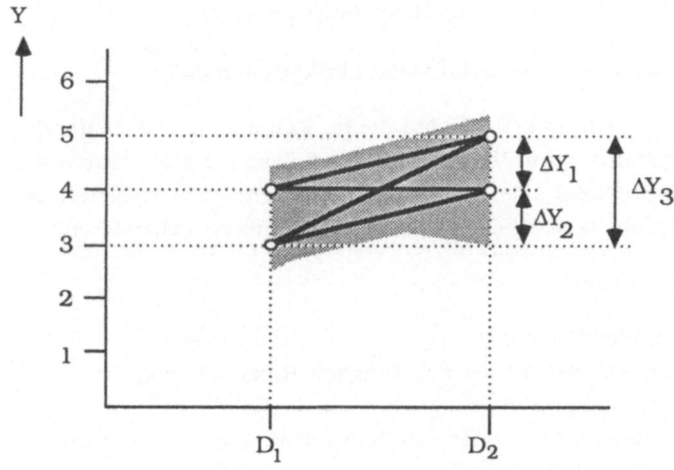

Abbildung 6.12: Darstellung der Gesamthypothese (Erläuterungen im Text)

Diese stellt sich wie folgt dar:

Prinzipiell wird erwartet, daß die Ausprägung der SQ bei Probanden, die bestimmten Stressoren ausgesetzt sind, geringer ist, als bei denjenigen, bei denen diese Stressoren nicht wirksam sind. Ebenso wird erwartet, daß beim zweiten Durchgang die Simulationsergebnisse "besser" ausfallen als beim ersten Durchgang. Je nachdem, ob im ersten bzw. im zweiten Durchgang Stressoren wirksam waren, sind außerdem folgende Kompensationen bzw. Überlagerungen möglich:

1. Der Lerneffekt wird durch die Stressorwirkung beim zweiten Durchgang weitgehend kompensiert. Das bedeutet bezüglich der Simulationsergebnisse des zweiten Durchganges, daß sich diese nicht wesentlich von denen des ersten Durchganges unterscheiden dürften ($\Delta y \approx 0$), wenn beim ersten Durchgang keine Stressoren wirksam sind (Fall 3).

2. Die stärkste Zunahme der Schlüsselqualifikationsausprägung (Δy_3) ist zu erwarten, wenn im ersten Simulationsdurchgang Stressoren wirksam sind, im zweiten Durchgang jedoch nicht, da sich in diesem Fall Lerneffekte (Δy_2) und höhere SQ-Ausprägung infolge fehlender Stressoren (Δy_1) überlagern.

6.3 Ermittlung relevanter Schlüsselqualifikationen (SQ)

Basis für die Ermittlung der SQ sind die im Rahmen der Ist-Zustands-Anlayse bei Mitfahrten auf Verteiler-LKW erhobenen Daten. Durch die zeitgenaue Aufnahme aller Tätigkeiten während des Arbeitstages wurde es möglich, wesentliche Tätigkeitselemente zu extrahieren.

Auswahlkriterien sind hierbei u.a.:

- die Dauer der Tätigkeit,
- die "objektive" Bedeutung der Tätigkeit (Einschätzung durch Beobachter) und
- die "subjektive" Bedeutung der Tätigkeit (Einschätzung durch den jeweiligen LKW-Fahrer).

Um ein möglichst repräsentatives Bild von der tatsächlichen Tätigkeit zu erhalten, wurde besonderer Wert darauf gelegt, daß

- unterschiedliche Fahrer
- mit unterschiedlichen Fahrzeugen
- aus verschiedenen Branchen
- an verschiedenen Wochentagen
- bei durchschnittlichem Arbeitsanfall

begleitet wurden.

Zwecks Überprüfung der Ergebnisse auf Repräsentativität wurden die derart gewonnenen Daten der bereits erwähnten unabhängigen Expertengruppe vorgelegt.

In Zusammenarbeit mit dieser Gruppe war zu untersuchen, über welche Qualifikationen ein hinreichend geübter Mensch verfügen sollte, um die als relevant erachteten Teiltätigkeiten ausführen zu können. Die derart ermittelten Qualifikationen werden als Schlüsselqualifikationen (SQ) bezeichnet.

Es handelt sich hierbei im einzelnen um:

- Merkfähigkeit,
- Konzentrationsfähigkeit,
- Motorische Koordinationsfähigkeit,
- Reaktionsverhalten
- Flexibilität
- Organisations- und Planungsfähigkeit.

Die Tabelle 6.1 zeigt anhand von Beispielen aus der Praxis die Verbindung zwischen den Teiltätigkeiten und den zu ihrer Erfüllung erforderlichen SQ auf.

SQ	Beispiele aus der Praxis
Merkfähigkeit	Lage der Kunden, Reihenfolge der anzufahrenden Kunden, Streckenführung (optimaler Weg), Beachtung von Zeitrestriktionen
Konzentrationsfähigkeit	Aufmerksame Beobachtung des Straßenverlaufs, des fließenden und ruhenden Verkehrs
Motorische Koordinationsfähigkeit	Bedienung der Steuerelemente und Stellteile (z.B. beim rangieren)
Reaktionsverhalten	Vollbremsung bei plötzlich auftretendem Hindernis
Flexibilität	Verhalten bei Störungen im Verkehrsfluß (Stau usw.), Verhalten in nicht vorhersehbaren Situationen (falscher Kunde angefahren, falsche Ware geliefert, zusätzlicher Auftrag usw.)
Organisations- und Planungsfähigkeit	Tourenplanung unter Berücksichtigung der Kriterien Wegoptimierung, Zeitoptimierung

Tabelle 6.1: Verbindung der für die Simulation ausgewählte Schlüsselqualifikationen (SQ) zu Teiltätigkeiten (Beispiele in Anlehnung an Helling 1985, S. 135)

6.4 Definitionen und Erläuterungen zur Operationalisierung der Schlüsselqualifikationen

Für eine positive Erfüllung der Arbeitsaufgabe - im vorliegenden Fall die Tourenplanung und Fahrzeugführung - ist es unabdingbar, daß bei den Arbeitenden (Fahrern) die genannten SQ vorhanden sind. Darüberhinaus wird die Arbeitsaufgabe die Betroffenen umso weniger beanspruchen, je stärker die entsprechenden SQ ausgeprägt sind. Dies bedeutet aber, daß der Arbeitende sich bei der Erfüllung seiner Arbeitsaufgabe in einer Umgebung befinden sollte, welche die Ausprägung der SQ nicht beeinträchtigt, sondern im Gegenteil diese noch fördert.

6.4.1 Operationalisierung der Schlüsselqualifikationen

In Kapitel 6.1 wurde bereits dargelegt, daß die Ermittlung der Stressorenwirkung auf den Menschen auf direktem Weg nicht ohne weiteres möglich ist.

Im Rahmen der Simulation muß daher nach einem Weg gesucht werden, die Ausprägung der SQ meßbar zu machen. Dabei ist die absolute Höhe der Qualifikationsausprägung von untergeordneter Bedeutung. Primäres Ziel ist die Ermittlung der Ausprägungsveränderung in Abhängigkeit von der jeweiligen Stressorenwirkung.

Zu diesem Zweck wurden in das Simulationsmodell meßbare Größen in Form von Merkmalen implementiert.

Die Abbildung 6.13 zeigt die Zuordnung dieser Merkmale zu den jeweiligen Faktoren und damit zu den entsprechenden Schlüsselqualifikationen.

6.4.2 Definition der Schlüsselqualifikationen und Erläuterungen zur Operationalisierung

Wie der Abbildung 6.13 a/b/c/d zu entnehmen ist, werden die Merkmale der Simulation in den jeweiligen Faktoren zusammengefaßt und diesen wiederum bestimmte Schlüsselqualifikationen zugeordnet.

Bezüglich der relevanten Schlüsselqualifikationen seien zunächst die jeweiligen Definitionen sowie einige Erläuterungen angegeben.

zu 1.: Organisations -und Planungsfähigkeit

Definition:

Organisations- und Planungsfähigkeit kennzeichnet die Summe derjenigen Eigenschaften, die den Menschen zum Verstehen des Aufbaues von Ordnungsstrukturen und der sich darin vollziehenden Leistungsprozesse sowie zur Lagebeurteilung genauso befähigen, wie zur Übertragung technischen oder wirtschaftlichen Wissens auf zukünftige Gegebenheiten.

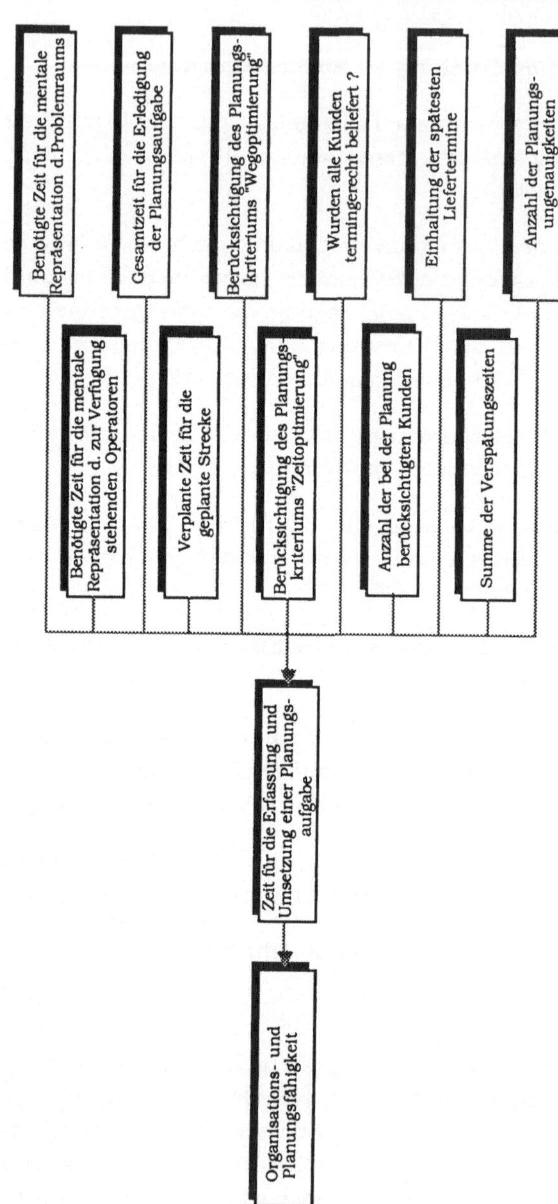

Abbildung 6.13 a)

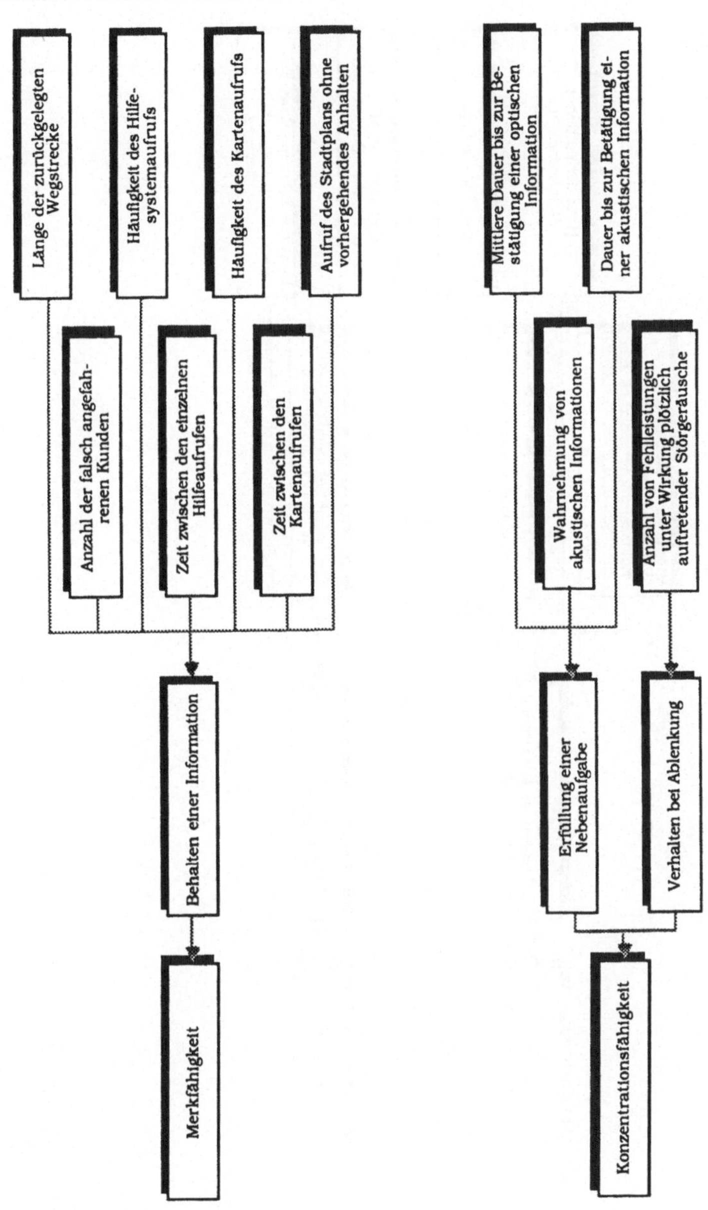

Abbildung 6.13 b)

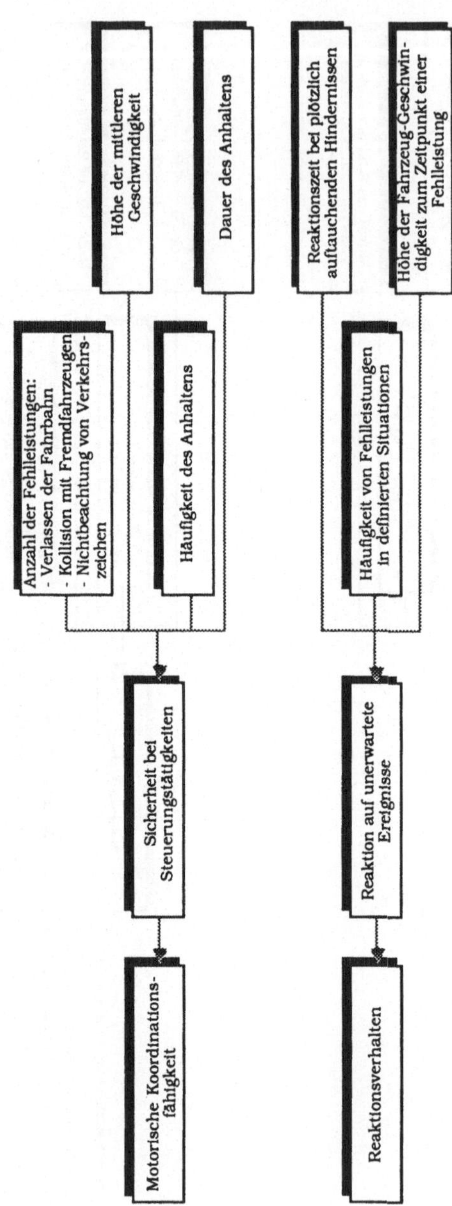

Abbildung 6.13 c)

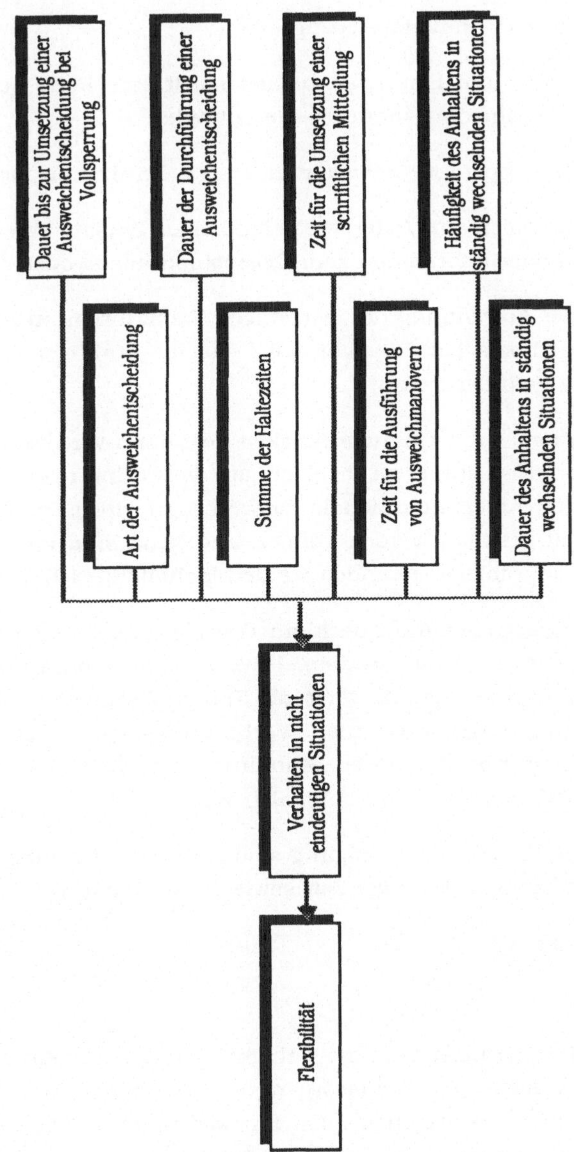

Abbildung 6.13 d)

Abbildung 6.13 a/b/c/d: Zuordnung von Faktoren und Merkmalen des Simulationsmodells zu den Schlüsselqualifikationen

Erläuterungen zur Operationalisierung:

Die Organisations- und Planungsfähigkeit spielt eine Rolle bei allen Aufgaben der Entscheidungsfindung, die entweder

a) Verständnis für operative oder administrative Strukturen fordern,

b) den wirkungsvollen und/oder wirtschaftlichen Einsatz von Personal, Material oder Information zum Gegenstand haben oder

c) bei denen die Anwendung des derzeitigen Fachwissens in inhaltlicher und methodischer Hinsicht auf Probleme künftiger Bedarfsbefriedigung gefordert wird.

Gute Organisations- und Planungsfähigkeit liegt dann vor, wenn komplexe Strukturen in ihren wechselseitigen Verknüpfungen durchschaut und unter Anlegung rationaler Ordnungsprinzipien im Hinblick auf Wirksamkeit gestaltet werden können und wenn sinnvolle Lösungen für Zukunftsprobleme gefunden werden (Schmidtke 1978, S. 12).

Für die hier vorliegende Aufgabe kann diese allgemeine Begriffsbestimmung noch enger gefaßt werden. Unter Organisations- und Planungsfähigkeit sei hier die Fähigkeit zur Tourenplanung verstanden, d.h. Erarbeitung einer optimalen Verbindungsstrecke zwischen unterschiedlichen Kunden unter Einhaltung von Zeitrestriktionen und unter Berücksichtigung der optimalen Wegstrecke.

Kriterien für die Fähigkeitsausprägung sind neben der Planungsqualität, die für die Planung benötigte Zeit sowie die verplante Zeit.

zu 2.: Merkfähigkeit

Definition:

Die Merkfähigkeit kennzeichnet die Fähigkeit, Informationen aus der Umwelt über verschiedene Sinnesorgane aufzunehmen, zu behalten und im Bedarfsfalle wieder abzurufen. Ein wesentliches Kriterium ist hierbei, daß der Informationsverlust gering sein muß.

In Abhängigkeit von der jeweiligen Informationsart wird beim Behalten über kleine Zeitspannen das Kurzzeitgedächtnis bzw. über lange Zeitabschnitte das Langzeitgedächtnis angesprochen.

Erläuterungen zur Operationalisierung:

Die Merkfähigkeit spielt eine Rolle bei allen Aufgaben, bei denen der Arbeitserfolg vom sicheren Behalten

a) mündlich bzw. schriftlich dargebotener sprachlicher Informationen oder

b) optischer und akustischer Informationen sprachfreier Natur (z.B. Landkarten, Signale oder Symbole bzw. Töne, Geräusche oder Klangbilder) abhängt.

Gute Merkfähigkeit liegt dann vor, wenn - auf die erforderliche Behaltenszeit bezogen - der aufgenommene Informationsgehalt weitgehend vollständig und unverfälscht wiedergegeben werden kann (Schmidtke 1978, S. 12 f.).

Im Rahmen der Simulationsdurchführung besteht seitens der Probanden in erster Linie ein Informationsbedarf bezüglich der Lage der anzufahrenden Kunden sowie bezüglich der Funktionsweise der für die Aufgabenerledigung erforderlichen Bedienelemente (Gas, Bremse, Tasten, Steuereinrichtung usw.). In der Kopfzeile des Bildschirms wird den Probanden ständig angezeigt, über welche Funktionstasten sie sich bestimmte Informationen abrufen können.

Durch Aufruf eines Stadtplans besteht die Möglichkeit, sich über die Lage der anzufahrenden Kunden sowie den aktuellen eigenen Standort zu informieren. Über die Funktionsweise der Bedienelemente gibt ein weiteres Menü in Form einer Tabelle Aufschluß.

Ein Indiz für die Ausprägung der SQ Merkfähigkeit ist neben der Häufigkeit und Dauer der Nutzung der Informationssysteme die Qualität der Umsetzung der Informationen.

zu 3.: Konzentrationsfähigkeit

Definition:

"Die Konzentrationsfähigkeit kennzeichnet das Vermögen der aktiven Zuwendung der Beachtung sowie die willkürliche Steuerung der Aufmerksamkeit auf bestimmte und herausgehobene Inhalte körperlicher oder geistiger Tätigkeit" (Schmidtke 1978, S. 14).

Erläuterungen zur Operationalisierung:

Die Konzentrationsfähigkeit ist von besonderer Bedeutung bei allen Aufgaben, bei denen

a) trotz des Vorhandenseins deutlicher Störreize (Stressoren) spezifische Informationen akustischer oder visueller Art aufzunehmen und zu verarbeiten sind und

b) bei solchen Aufgaben, bei denen trotz großer Einförmigkeit weder eine Minderung der Beachtungsintensität (Wachsamkeit) noch des Beachtungsumfangs zulässig ist.

Gute Konzentrationsfähigkeit liegt dann vor, wenn

a) der Mensch in der Lage ist, sich gegen Ablenkungen und Störungen abzuschirmen,

b) er die Aufmerksamkeit über längere Zeitspannen auf definierte Beachtungsinhalte fixieren kann und

c) wenn er bei einförmigen oder reizarmen Arbeitsbedingungen ein angemessenes Wachsamkeitsniveau aufrecht erhalten kann (Schmidtke 1978, S. 14).

In der Simulation werden den Probanden sowohl akustische als auch visuelle Signale angeboten. Ein Maß für die Konzentrationsfähigkeit ist die Häufigkeit der Wahrnehmung bestimmter Signale, was beispielsweise durch eine entsprechende Bestätigung dokumentiert werden kann, sowie die Dauer bis zur Bestätigung dieser Signale.

zu 4.: Motorische Koordinationsfähigkeit

Definition:

Die motorische Koordinationsfähigkeit kennzeichnet diejenigen Eigenschaften, die den Menschen neben einer allgemeinen Körperbeherrschung zur sicheren Steuerung des Bewegungsablaufes der Gliedmaßen befähigen. Dies kann seinen Niederschlag z.B. im Hand- und Fingergeschick finden.

Erläuterungen zur Operationalisierung:

Die motorische Koordinationsfähigkeit spielt eine Rolle bei allen Aufgaben, bei denen der Arbeitserfolg von einem harmonischen Zusammenwirken der Muskulatur des Rumpfes und der Gliedmaßen abhängt.

Gute motorische Koordinationsfähigkeit liegt dann vor, wenn das beabsichtigte Bewegungsprogramm selbst unter dem Einfluß äußerer Störgrößen (z.B. Lärm, Temperaturschwankungen) verwirklicht werden kann oder aber die Abstimmung von Bewegungsweiten, Bewegungsgeschwindigkeiten und Muskelkräften selbst bei Feinstarbeiten gelingt.

Im Rahmen der Simulation ist die Ausprägung der motorischen Koordinationsfähigkeit u.a. durch eine harmonische, der jeweiligen Situation angepaßte Geschwindigkeitswahl gekennzeichnet. Darüberhinaus schlägt sie sich in der Art sowie der Anzahl der Fehlleistungen (Unfälle am Fahrbahnrand, mit Fremdfahrzeugen oder an Ampeln) nieder.

zu 5.: Reaktionsverhalten

Definition:

Das Reaktionsverhalten kennzeichnet die Summe derjenigen Eigenschaften des Organismus, die diesen durch sichere und schnelle Informationsaufnahme zu situationsangepaßtem und genauem Handeln befähigen.

Erläuterungen zur Operationalisierung:

Das Reaktionsverhalten spielt eine Rolle bei allen Aufgaben, bei denen der Arbeitserfolg von der vollständigen Aufnahme, Speicherung und Verarbeitung von Informationen und deren Umsetzung in Reaktions-, Steuer- oder Regelungshandlungen abhängt.

Gutes Reaktionsverhalten liegt dann vor, wenn hohe Wahrnehmungsgeschwindigkeit und sichere Gestalt- oder Formerkennung gekoppelt sind mit Reaktionsschnelligkeit und -sicherheit.

Dies zeigt sich beispielsweise darin, daß Hindernisse (Fahrzeuge, Ampeln usw.) schnell erkannt werden und eine entsprechende Reaktion hervorrufen.

Ein Maß für die Ausprägung dieser Eigenschaft ist die Art und Dauer bis zur Ausführung bestimmter Reaktionen.

zu 6.: Flexibilität

Definition:

Flexibilität kennzeichnet die Summe derjenigen Eigenschaften, die den Menschen in die Lage versetzen, in nicht eindeutigen Situationen die u.U. plötzlich und unvermittelt auftreten, sich in einem zeitlich angemessenen Rahmen diesen neuen Situationen anzupassen.

Erläuterungen zur Operationalisierung:

Die Flexibilität spielt eine Rolle bei neuen, i.d.R. nicht vorhersehbaren Situationen, die nur dann beherrscht werden, wenn sie mit bereits bekannten Situationen verglichen werden bzw. Lösungsmöglichkeiten (Bewältigungsmöglichkeiten) aus bereits bekannten Situationen abgeleitet werden können.

Auf die vorliegende Simulation bezogen bedeutet dies, daß neben eindeutigen Situationen auch nicht eindeutige Simulationssituationen existieren, zu deren Bewältigung auch das Hilfesystem keine Lösung anbietet. Eine derartige Situation besteht z.B. darin, daß der Proband auf eine Vollsperrung der Straße infolge parkender Fahrzeuge stößt. Im Rahmen der Einweisung erfahren die Probanden, daß sowohl fahrende als auch parkende Fahrzeuge existieren. Die Ausprägung der Schlüsselqualifikation "Flexibilität" zeigt sich in der geschilderten Situation beispielsweise dadurch, daß der Proband nach einer angemessenen Wartezeit (die Fahrzeuge könnten ja die Straße räumen) nach einer geeigneten Umgehung des Hindernisses sucht.

6.5 Ermittlung relevanter Belastungsfaktoren (Stressoren)

Die Ermittlung der belastenden Faktoren erfolgte wie die Ermittlung der Schlüsselqualifikationen auf der Basis der Ist-Zustandsanalyse. Die Aussagen der betroffenen (Fahrer) erhielten dabei besonderes Gewicht. Mittels Beobachtung und schriftlicher Befragung wurden die subjektiv als besonders belastend empfundenen Situationen bei der Fahrzeugführung erfaßt. Die Befragung erstreckte sich darüber hinaus auch auf Fahrzeugkomponenten, die beispielsweise durch schlechte technische Ausgestaltung Beanspruchungen verursachen können.

Tätigkeiten, die vermeintlich nicht zum Berufsbild eines Arbeitenden gehören, können subjektiv als besonders belastend empfunden werden. Aus diesem Grund erfolgte eine Befragung der LKW - Fahrer darüber, welche Tätigkeiten ihrer Meinung nach zum Berufsbild des Kraftfahrers gehören.

Bevor die als relevant erachteten Stressoren für den Einsatz in der Simulation nachgebildet werden konnten, wurde danach unterschieden, ob sie durch fahrzeugtechnische Gegebenheiten verursacht werden oder ob dies nicht der Fall ist.

Im ersten Fall handelt es sich beispielsweise um Motorenlärm, Fahrerhausinnentemperatur usw., im zweiten Fall beispielsweise um Umgebungsbedingungen wie Verkehrsstau, Behinderungen beim Be- und Entladen usw.

Eine Zusammenstellung einiger für die Simulation relevanter Stressoren zeigt die Tabelle 6.2.

Ursache für Belastung / Beanspruchung	
Fahrzeugtechnische Gegebenheiten	Nicht fahrzeugtechnische Gegebenheiten
Erzeugung der Belastungen	
Durch externe Geräte	Durch Simulationsaufgabe
Art der Belastungen	
Variiert als Stressor (aufgabenunabhängig)	Konstant als Regulationshindernis (aufgabenimmanent)
• Lärm • Temperatur • Zugluft • Ablenkung • Kontrolle	• Informatorische Erschwerungen - Orientierung auf dem Stadtplan . . . • Funktionsstörungen - Fremdfahrzeuge . . . • Blockierungen - Rampe belegt . . .

Tabelle 6.2: Zusammenstellung der für die Simulation relevanten Belastungen sowie deren Erzeugung

6.6 Erzeugung der relevanten Stressoren

Prinzipiell bestehen zwei Möglichkeiten, im Rahmen einer Simulation die Probanden unterschiedlichen Stressoren auszusetzen. Entweder die Belastung ist aufgabenimmanent oder die Umgebung wirkt belastend auf die Probanden. Im vorliegenden Fall wurden beide Möglichkeiten angewendet.

Eine Reihe von Belastungsfaktoren (Stressoren), die beim Führen eines Fahrzeugs auf den Fahrer einwirken, sind durch fahrzeugtechnische Veränderungen nicht beeinflußbar (z.B. Verkehrsdichte, Straßensperrungen). Das bedeutet, daß ihre Bewältigung sozusagen Bestandteil der Arbeitsaufgabe "Führen eines Kraftfahrzeuges" ist.

Von besonderer Bedeutung sind im hier betrachteten Zusammenhang jedoch auch die Belastungsfaktoren, die durch das Fahrzeug selbst verursacht werden und somit durch Gestaltungsmaßnahmen beeinflußbar sind.

Nachfolgend wird stichwortartig auf die Art und Weise der Erzeugung dieser beiden Stressorarten eingegangen:

a) aufgabenimmanente Belastungsfaktoren (Stressoren):

- Zeitdruck:	Erzeugung durch zeitliche Begrenzung der Simulationsaufgabe, sowie durch Angabe spätester Liefertermine
- Behinderungen:	Realisierung durch Ampeln, fahrende und parkende Fahrzeuge und Straßensperren
- Kundensituationen:	Verzögerte Belieferung durch belegte Kundenrampen, Ausweichen auf alternative Entladestellen z.B. auf der Gebäuderückseite
- Frustration:	Inkaufnahme zeitraubender Umwege infolge Straßensperrungen
- Tourenplanänderung:	Aufforderung zur Belieferung zusätzlicher Kunden kurz vor Beendigung der Tour
- erzwungene Untätigkeit:	Inkaufnahme von Wartezeiten mit unbekannter Länge

b) nicht aufgabenimmanente Belastungsfaktoren (Stressoren):

- Lärm:	Aufnahme von Motorenlärm auf ein Tonbandgerät; mittlerer Schalldruckpegel 90 dB(A)

- Temperatur:	Variation der Temperatur durch Heizlüfter; Regelung über Meßfühler (Schwankungsbereich +/- 1 Grad C)
- Zugluft:	Erzeugung durch Lüfterrad
- Kontrolle:	Realisierung durch Probandenüberwachung mittels Video-Kamera
- Ablenkung:	Realisierung durch einen Cassettenrecorder; Aufnahme aktueller Informationen für die Probanden

Beginn und Dauer der unter b) aufgeführten Stressoren können vor Simulationsbeginn dem Rechner über ein spezielles Menü mitgeteilt werden. Abbildung 6.14 zeigt exemplarisch das Eingabemenü für den Stressor "Lärm".

6.7 Realisierung der Simulation

Die Nachbildung wesentlicher Elemente der Fahrertätigkeit sowie der dabei auftretenden Belastungen erfolgte durch

- Simulation von Arbeitseinheiten sowie
- Erzeugung von Regulationsbehinderungen.

Da die Regulationsbehinderungen nur teilweise in der Simulationsgrundaufgabe enthalten sind, müssen zu ihrer Erzeugung externe Geräte eingesetzt werden.

Wie bereits in Kapitel 3 dargelegt, besteht ein Hauptziel der vorliegenden Untersuchung darin, die Datenaufnahme weitgehend selbständig durch die Versuchspersonen durchführen zu lassen, d.h. ohne daß der Versuchsleiter wesentlich in den Versuchsablauf eingreifen muß. Dadurch wird es erforderlich, den Computer über eine geeignete Schnittstelle mit den für die Erzeugung der Stressoren erforderlichen externen Geräten zu koppeln.

Die Art und Weise der Realisierung dieser Überlegungen wird nachfolgend noch näher erläutert.

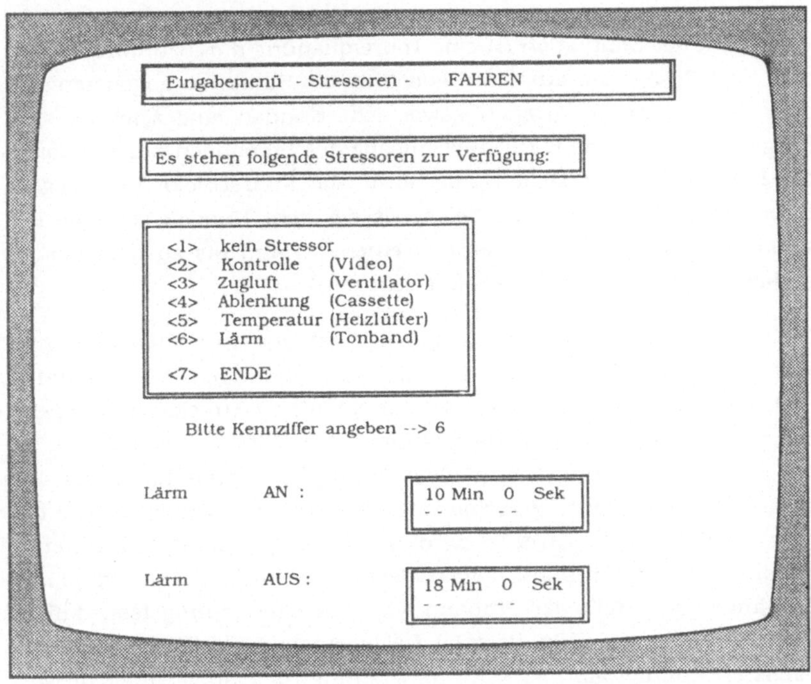

Abbildung 6.14: Darstellung des Menüs zur Einstellung einzelner Stressoren am Beispiel Lärm

6.7.1 Darstellung der Grundaufgabe

Die Grundaufgabe der Simulation ist so gestaltet, daß bei ihrer Durchführung die zuvor definierten SQ gefordert sind. Um Aussagen bezüglich der Ausprägung dieser SQ zu ermöglichen, müssen die Merkmalsausprägungen vom Rechner erfaßt und gespeichert werden.

Der Ablauf der Grundaufgabe, bestehend aus den Teilen "Planen" und "Fahren" stellt sich konkret folgendermaßen dar:

Zu Beginn der Simulation ist eine Tourenplanung durchzuführen. Dazu wird dem Probanden auf dem Bildschirm ein Stadtplan angeboten, auf dem der Startpunkt (Depot) sowie acht Kunden eingezeichnet sind (vergleiche Abbildung 6.15). Die Aufgabe des Probanden besteht darin, die Reihenfolge der Belieferung sowie die Fahrstrecke festzulegen. Dabei ist zu beachten, daß bei sechs der acht Kunden zeitliche Restriktionen bestehen, d.h., es gibt einen Termin, bis zu dem der jeweilige Kunde spätestens beliefert sein muß.

Die für die Belieferung benötigte Zeit ist von der zurückgelegten Strecke sowie der gewählten Straßenart abhängig. Auf schmalen "Nebenstraßen" benötigt man für eine definierte Strecke die doppelte Zeit wie auf einer breiten "Hauptstraße". Mit Hilfe der Pfeil-Tasten ist mit einem "Fahrzeug" (auf dem Stadtplan symbolisch als "+" dargestellt) eine Route innerhalb des Stadtplans festzulegen. Die bereits zurückgelegte Strecke wird als Linie im Stadtplan gekennzeichnet. Oben rechts auf dem Bildschirm wird die bereits verplante Zeit angezeigt. Stellt der Proband während der Planung fest, daß es einen günstigeren, d.h. beispielsweise einen schnelleren Weg zum nächsten Kunden gibt, so kann die Planung rückgängig gemacht werden - allerdings nur bis zum jeweils letzten Kunden. Nach Festlegung einer bestimmten Route und Anfahrt eines Kunden erfolgt seitens des Rechners eine entsprechende Meldung.

Werden die spätesten Liefertermine nicht beachtet, d.h. wird ein Kunde zu spät angefahren, so erfolgt ebenfalls eine Meldung. Nach Rückkehr zum Startpunkt ist die Planung beendet. Abbildung 6.15 zeigt den für die Planung zur Verfügung stehenden Stadtplan mit den acht Kunden sowie die zeitlichen Beschränkungen.

Im Anschluß an die Planungsaufgabe erfolgt die eigentliche Fahraufgabe. Zu Beginn erscheint auf dem Bildschirm ein Stadtplan mit sechs eingezeichneten Zielen (Kunden), die der Proband in der vorgegebenen Reihenfolge anzufahren hat (vergleiche Abbildung. 6.16). Um unerwünschten Lerneffekten entgegenzuwirken, wird hier ein anderer Stadtplan als bei der Planungsaufgabe verwendet. Der Proband muß sich dazu die Lage eines oder mehrerer Kunden einprägen. Durch die Betätigung einer beliebigen Taste erscheint eine Ausschnittvergrößerung des Stadtplanes auf dem Bildschirm, durch den der

Proband nun seinen LKW steuern soll. Hierzu steht ihm ein Steuerknüppel (Joystick) zur Verfügung, mit dessen Hilfe das Fahrzeug nach oben, unten, links oder rechts zu steuern ist. Mit Hilfe einer handelsüblichen Pedalerie kann das Fahrzeug außerdem beschleunigt bzw. verzögert werden.

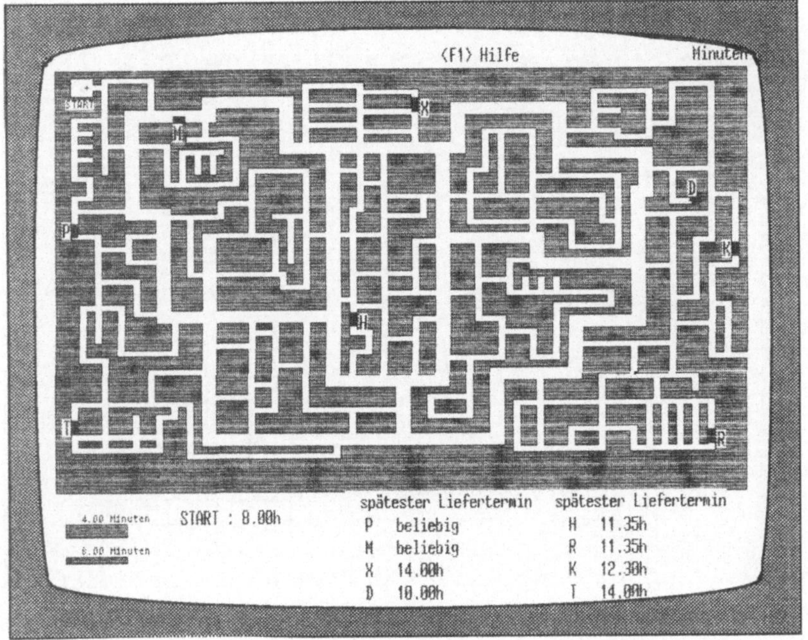

Abbildung 6.15: Bildschirmmaske für die Planungsdurchführung

Nach Belieferung eines Kunden erhält der Proband eine visuelle und akustische Bestätigung. In der Regel ruft er nun die Übersichtskarte auf, orientiert sich neu und fährt dann den folgenden Kunden an.

Der Abbildung 6.16 ist zu entnehmen, daß die Lage der Kunden so gewählt ist, daß bestimmte markante Punkte innerhalb des Stadtplans - bei ordnungsgemäßer Simulationsdurchführung - in jedem Fall von allen Probanden passiert werden müssen (vergleiche auch Abbildung 6.21 auf Seite 73). Dadurch wird sichergestellt, daß die nachfolgend näher erläuterten Simulationssituationen bei allen

Probanden, unabhängig von der benötigten Zeit für die Simulationsdurchführung, auftreten.

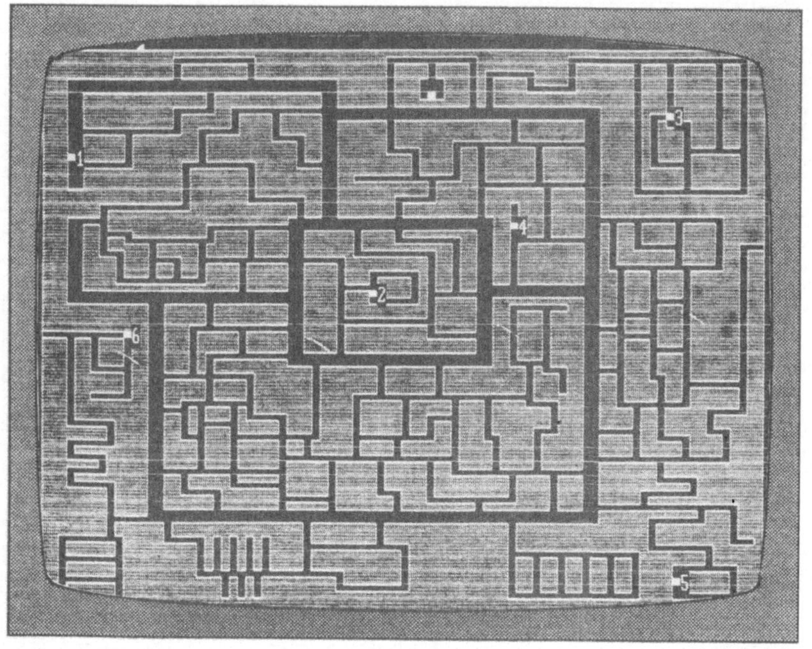

Abbildung 6.16: Stadtplan zur Orientierung im Rahmen der Fahraugabe

Um Aussagen bezüglich der bereits erläuterten SQ zu ermöglichen, ist es jedoch erforderlich, einige zusätzliche, für den Probanden zufällig auftretende Erschwernisse in das Programm zu implementieren. So existieren neben dem eigenen Fahrzeug noch parkende oder fahrende Fremdfahrzeuge. Zur Vermeidung von Unfällen ist diesen Fahrzeugen entweder auszuweichen oder aber das eigene Fahrzeug anzuhalten. Im letzteren Fall weichen die Fremdfahrzeuge aus.

Zur Überprüfung des Verhaltens in nicht eindeutigen Situationen ist auf dem Weg zum ersten Kunden die Zufahrt durch parkende Fahrzeuge versperrt. Der Proband kann sich zwischen zwei Alternativen entscheiden. Entweder er wählt den kürzeren Umweg, der aber nicht voll einsehbar ist und das Risiko einer weiteren Sperrung beinhaltet oder aber er entscheidet sich für den längeren Umweg, den er auf dem Kartenausschnitt überblicken kann und von dem er daher weiß, daß er nicht versperrt ist (vergleiche Abbildung 6.17).

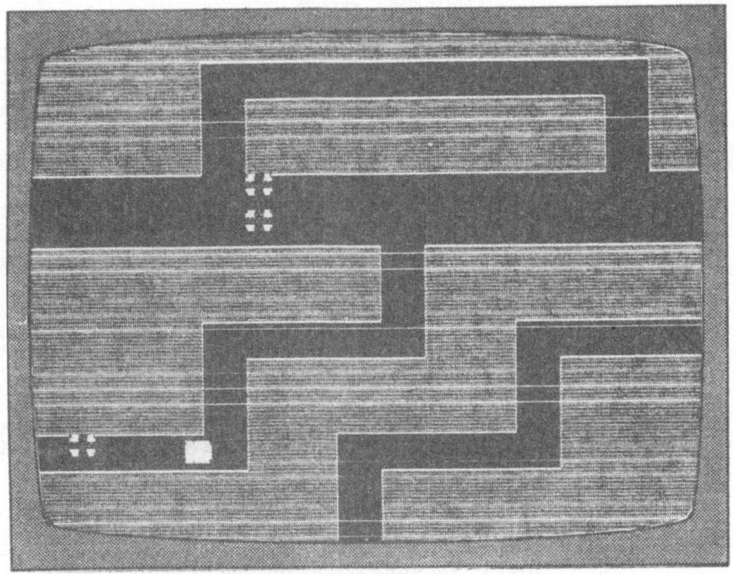

Abbildung 6.17: Simulationssituation zur Überprüfung des Verhaltens in nicht eindeutigen Situationen

Zusätzlich sind noch eine Reihe ebenfalls zu beachtender Ampeln implementiert. Nichtbeachtung führt zu einem Unfall. Bei der Anfahrt zum zweiten Kunden erhält der Proband die Meldung, daß die Rampe derzeit belegt ist und er deshalb die Kundenrampe auf der Rückseite des Gebäudes zu benutzen hat (vergleiche Abbildung 6.18 a/b).

Beim dritten Kunden erscheint die Meldung, daß die Rampe anderweitig belegt ist und der Proband daher zu warten hat. Die Wartezeit wird auf dem Bildschirm angezeigt (vergleiche Abbildung 6.19).

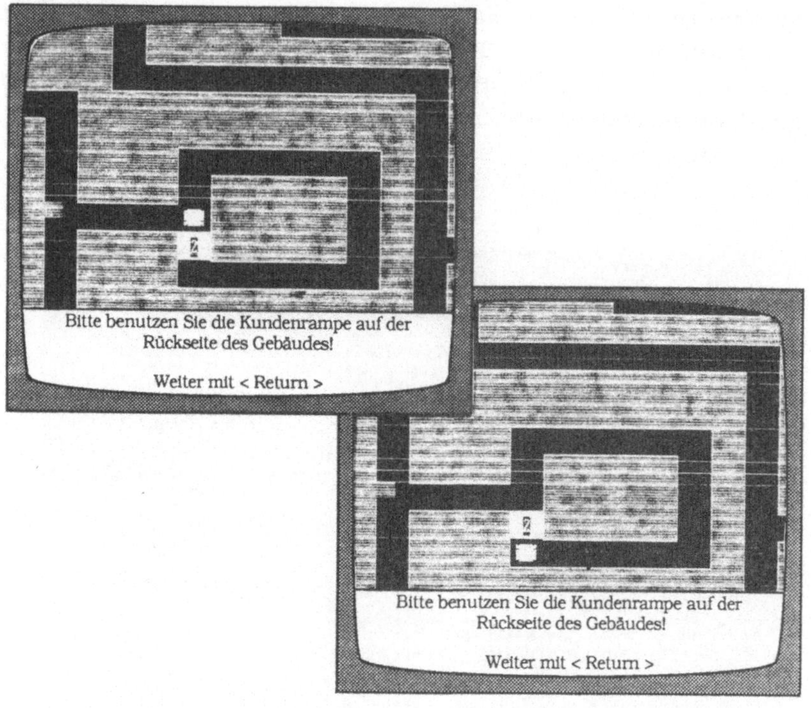

Abbildung 6.18 a/b: Simulationssituation zur Erzeugung von Zusatzaufwand mit dazugehöriger Rechnermeldung

Kurz vor Erreichen des fünften Kunden wird vom Drucker die Meldung ausgegeben, daß sich eine Tourenplanänderung ergeben hat. Nach Belieferung des fünften Kunden ist ein zusätzlicher Kunde anzufahren. Der Fahrer wird aufgefordert, sich auf dem Stadtplan über die Lage des neuen Kunden zu informieren und dann auf direktem Weg dorthin zu fahren. Abbildung 6.20 zeigt die entsprechende vom Drucker ausgegebene Meldung. Der zusätzliche Kunde wird in die laufende Numerierung mit einbezogen, d.h., daß er nun die Kunden-Nummer 6 hat, wodurch der ehemalige Kunde 6 zum Kunden 7 wird.

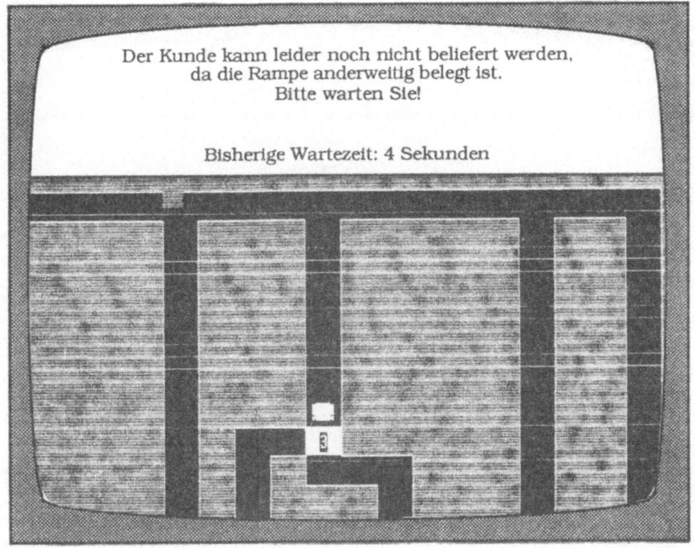

Abbildung 6.19: Simulationssituation zur Erzeugung von Behinderungen

Die Abbildung 6.21 zeigt eine Gesamtübersicht des Stadtplans mit allen Kunden sowie den vorkommenden Erschwernissen (Fremdfahrzeuge, Ampeln usw.). Die Startpositionen für das Einsetzen des Druckers sowie den Start der Fremdfahrzeuge ist selbstverständlich für die Probanden nicht sichtbar.

Bei der Festlegung der Grundaufgabe im Rahmen der Simulation wurden in Anlehnung an die Handlungsregulationstheorie nur solche Tätigkeiten ausgewählt, die bewußtes Handeln erfordern, d.h., daß Automatismen weitestgehend ausgeschlossen wurden. In Anlehnung an Leitner, Volpert u.a. wird dies damit begründet, " ... ‚daß im Rahmen der ... (Anmerkung des Verfassers: Handlungsregulationstheorie) das bewußte Handeln Ausgangspunkt der psychologischen Untersuchung ist. Dies hat u.a. zwei Gründe: Es erscheint vorschnell, die Aufmerksamkeit auf unbewußte psychische Prozesse zu richten, solange über die leichter zugänglichen bewußten Prozesse noch so wenig bekannt

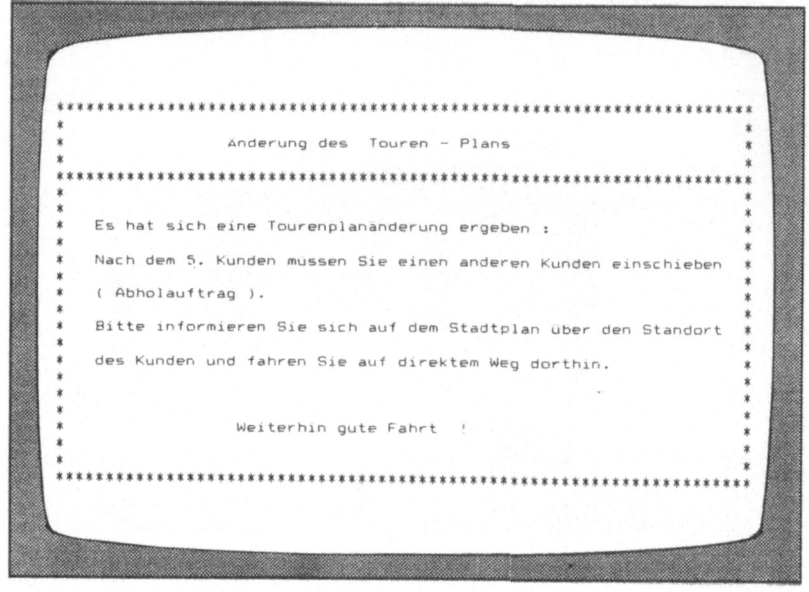

Abbildung 6.20: Druckermeldung zur Tourenplanänderung

ist. Abgesehen davon ist es eines der wesentlichsten Charakteristika des Menschen gegenüber anderen Lebensformen, bewußt und zielgerichtet zu handeln" (Leitner, Volpert, Greiner, Weber, Hennes 1987, S. 10).

Darüberhinaus soll darauf hingewiesen werden, daß der Schwierigkeitsgrad der Simulationsaufgabe durch die Probanden weitgehend selbständig festgelegt werden kann. Strasser führt in diesem Zusammenhang folgendes aus:

"Die Verwendung eines konstanten bzw. quasi-konstanten Schwierigkeitsgrades der Testaufgaben impliziert stets, daß ein Teil der Probanden überfordert, ein anderer Teil unterfordert sein kann. Zur Vermeidung derartiger Diskrepanzen zwischen Testanforderung und Leistungsfähigkeit und um die Motivation der Testpersonen zu heben, empfahl sich bei einzelnen Fragestellungen der Einsatz einer adaptiven Rückkopplung und damit eine individuelle Anpassung der gestellten Anforderungen durch den Test" (Strasser 1982, S. 103).

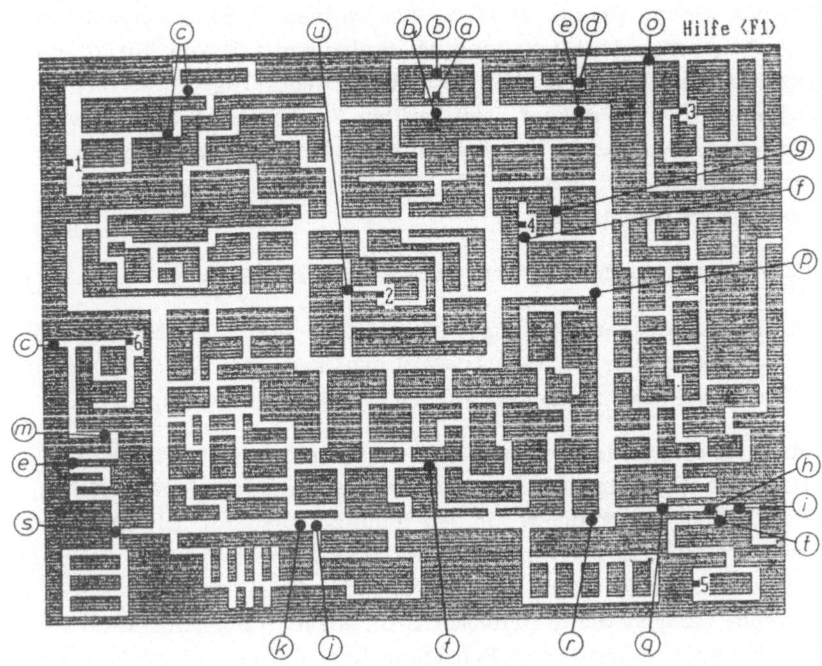

Erläuterungen zu Abbildung 6.21:

a) Ausgangsposition

b) Position, bei der Fahrzeug b_1) startet

c) parkende Fahrzeuge, die ihre Position nicht verändern (Straße blockiert)

d) Position, bei der Fahrzeug e) startet

f) Position bei der Fahrzeug g) startet

h) Position, bei der Fahrzeug i) startet

j) Positionen, bei der das gegenüberliegende Fahrzeug k) startet, das andere stehen bleibt

l) Position, bei der Fahrzeug m) startet

n) o) p) q) r) s) Ampeln

t) Position, bei der der Drucker startet.

Abbildung 6.21: Übersichtsplan mit Angabe aller vorkommenden Erschwernisse (Erläuterungen im Text)

Im vorliegenden Fall kann der Proband die Aufgabenschwierigkeit beispielsweise durch die Wahl einer ihm angemessen erscheinenden Geschwindigkeit beeinflussen (in Anlehnung an: Leitner, Volpert,

Greiner, Weber, Hennes 1987, S. 29). Da man davon ausgehen kann, daß die prinzipielle Einstellung der Probanden z.B. zum Risiko eines möglichen Unfalls sich nicht innerhalb einiger Tage wesentlich verändert, wird der Proband beim zweiten Simulationsdurchlauf wieder etwa das gleiche Risiko eingehen, d.h., daß z.B. durch Wahl einer höheren Geschwindigkeit die Geübtheit teilweise kompensiert wird (Risiko-Kompensation).

6.7.2 Darstellung der vor- bzw. nachgelagerten Befragung

Die Ergebnisse einer Computer-Simulation sind u.a. stark von der Person des Probanden, vom Ausbildungsstand, vom Alter bis hin zur Befindlichkeit zum Zeitpunkt der Datenaufnahme abhängig.

Daher ist es erforderlich, diese Variablen durch eine Befragung zu erheben. Diese erfolgt vor bzw. nach der eigentlichen Simulation und bildet damit den Rahmen für den Simulationsablauf. Die Befragung liefert unmittelbare Hinweise auf evtl. Besonderheiten einzelner Probanden, die bei einer Interpretation der Simulationsergebnisse in Betracht gezogen werden müssen (z.B. starke Müdigkeit). Ein Vorteil dieser computergestützten Befragung liegt darin, daß der für viele Probanden ungewohnte Umgang mit dem Computer quasi "nebenbei" geübt werden kann.

Gutjahr führt in diesem Zusammenhang aus: "Die öffentliche Meinung über Datenschutz, die Diskussion um Mißbrauch persönlicher Daten in Verbindung mit dem institutionellen Charakter des Computers kann ... bei einigen Befragten zunächst einmal eine Äußerungshemmung bewirken und die Auskunftsbereitschaft verringern. Dies ist ein Nachteil des Computer-Einsatzes. Auf der anderen Seite zeigen die Erfahrungen, daß - wenn die Äußerungshemmung überwunden wurde und Auskunftsbereitschaft besteht - die Antworten des Befragten sorgfältiger, bedachter und zuverlässiger erfolgen.

Zwar liegen noch keine umfangreichen Vergleichsuntersuchungen zum computergestützten Bildschirm-Interview vor, doch kann man schon jetzt von der Vermutung ausgehen, daß der Einsatz des Computers und des Bildschirm-Interviews zu einer deutlichen Verbesserung der Antwortqualität führt.

Die Rolle des Befragten am Interview-Computer ändert sich gleichfalls. Als Dialog-Partner des Computers verhält er sich weniger passiv als in der früheren Rolle des "Ausgefragten". Konzentration, Aufmerksamkeitsgrad und letztlich die gesamte Aktivierung ist höher als beim herkömmlichen Fragebogen-Interview.

Nicht nur aus Gründen der Zeit- und Kostenersparnis, sondern auch aus psychologischen Gründen ist die Ausbreitung des Bildschirm-Interviews zu begrüßen. Im Vergleich zur Fragebogen-Technik ist das Bildschirm-Interview die insgesamt bessere Interview-Technik" (Gutjahr 1985, S. 39f.).

Bei der durchgeführten Befragung soll der Interviewer nicht unmittelbar an der Befragung beteiligt werden, sondern nur auf Wunsch (des Befragten) als Berater zur Verfügung stehen. Dadurch wächst die Bereitschaft, auch auf kritische Fragen (z.B. die Frage nach dem Schulabschluß, wenn der Befragte keinen Abschluß hat) eine wahrheitsgemäße Antwort zu geben.

Das Rechnerprogramm für die Befragung muß demnach geeignet sein, den Probanden selbstständig durch den Fragenkatalog zu führen. Die hier anstehende Befragung wird mit einer Einweisung über den Befragungsgegenstand sowie die praktische Durchführung eröffnet. Danach wird der Befragte vom Rechner durch den gesamten Fragenkomplex geführt. Aufgrund unterschiedlicher Fragentypen, aber auch, um die Befragung abwechslungsreicher zu gestalten, bestehen mehrere Möglichkeiten der Beantwortung:

1) Beantwortung durch "Anklicken" einer von mehreren Antwortmöglichkeiten mit der Maus. Änderung der Antwort ist hierbei möglich, indem die erste Eingabe gelöscht wird (siehe Abbildung 6.22a)

2) Beantwortung durch Verschieben eines Balkens auf einer Ratingskala mit Hilfe der Maus, wodurch die gewünschte Antwort zwischen zwei extremen Antwortmöglichkeiten ausgewählt werden kann (siehe Abbildung 6.22b)

3) Beantwortung durch Eingabe von Text (siehe Abbildung 6.22c).

Die Daten der vom Teilnehmer gegebenen Antworten werden auf eine Auswertedatei geschrieben. Diese kann z.B. für eine manuelle Vorauswertung ausgedruckt werden oder aber die Daten werden direkt einem Auswertungsprogramm zwecks statistischer Auswertung zugeführt.

Der gesamte Fragenkomplex teilt sich auf in die beiden Bereiche

- vorgelagerte Befragung und
- nachgelagerte Befragung

Die vorgelagerte Befragung umfaßt insgesamt 42 Fragen mit folgender Zusammensetzung:

1. Sieben Fragen zur Erhebung persönlicher Daten

2. Acht Fragen zur momentanen Befindlichkeit (in Anlehnung an: Walbott 1985, S. 85ff.)

3. Fünf Fragen bezüglich der Einstellung zu Computern

4. 22 Fragen bezüglich körperlicher Beschwerden (in Anlehnung an: Fahrenberg 1975, S. 79ff.).

Die Befragung der Probanden im Anschluß an die Simulationsdurchführung umfaßt 19 Fragen und setzte sich folgendermaßen zusammen:

1. Vier Fragen allgemeiner Art

2. Sieben Fragen zur Befindlichkeit

3. Acht Fragen zur persönlichen Beurteilung der Simulation

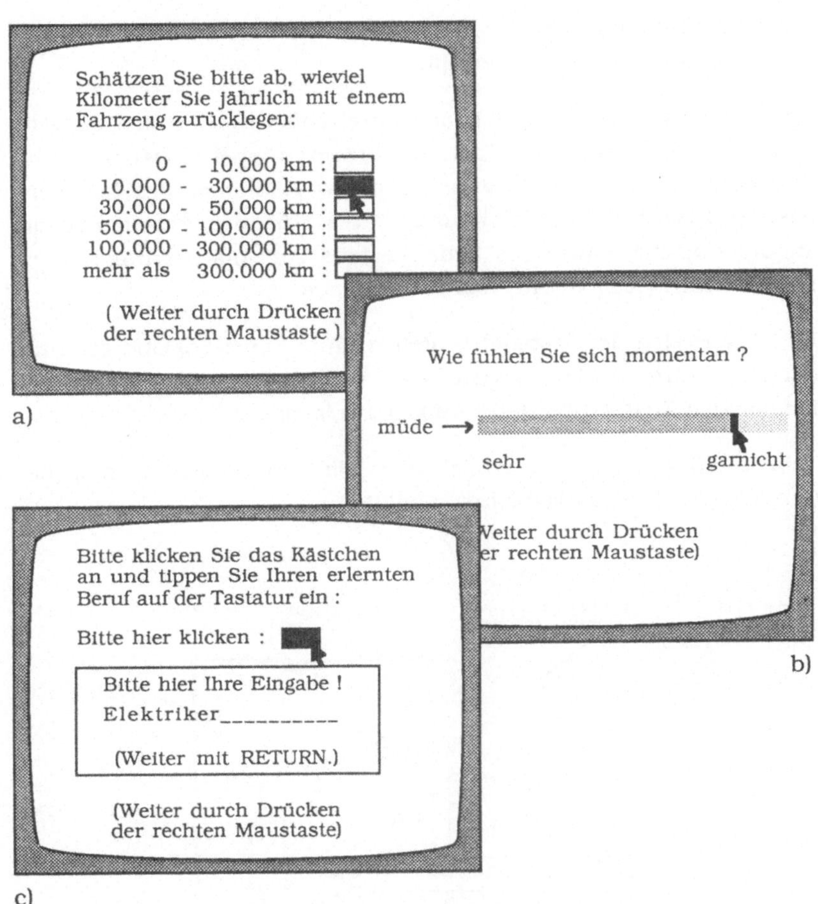

Abbildung 6.22 a/b/c: Bildschirmmasken mit unterschiedlichen Antwortalternativen

6.7.3 Darstellung der Simulationsumgebung

Für die Durchführung der computergestützten Beanspruchungsermittlung wurde ein geeignetes Versuchsdesign entwickelt. Es handelt sich hierbei im wesentlichen um eine geschlossene Kabine, deren Gestalt an ein LKW-Fahrerhaus erinnert. Abbildung 6.23 zeigt eine Prinzipskizze des Versuchsdesigns mit allen eingesetzten Zusatzgeräten; in Abbildung 6.24 wird die reale Umsetzung hiervon für die Versuchsdurchführung vorgestellt.

Im Innenraum der Versuchsanordnung befindet sich der "Arbeitsplatz" des Probanden mit Tastatur, Steuerknüppel (Joystick), Maus und Pedalerie. Die "Motorhaube" dient der Aufnahme des Rechners, des EKG-Gerätes, des Tonbandgerätes (für die Erzeugung der Motorgeräusche) sowie des Schaltkastens zur Ansteuerung der externen elektrischen Geräte vom Rechner aus.

Im Blickbereich der Probanden stehen, durch eine Scheibe getrennt, der Bildschirm sowie ein visuelles Anzeigegerät, welches dem Probanden den Zustand der Video-Anlage (an/aus) vermittelt.

Tabelle 6.3 gibt einen Überblick über alle verwendeten technischen Geräte sowie deren Aufgabe bzw. Funktion.

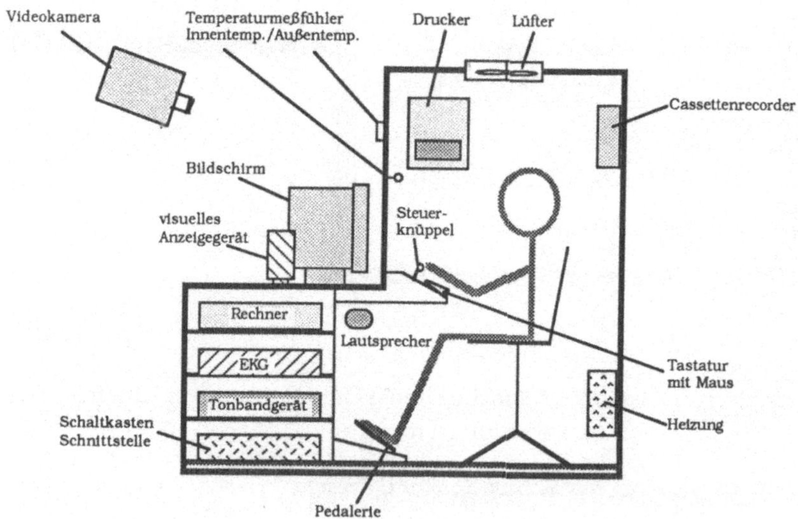

Abbildung 6.23: Versuchsdesign für computergestützte Beanspruchungsermittlung

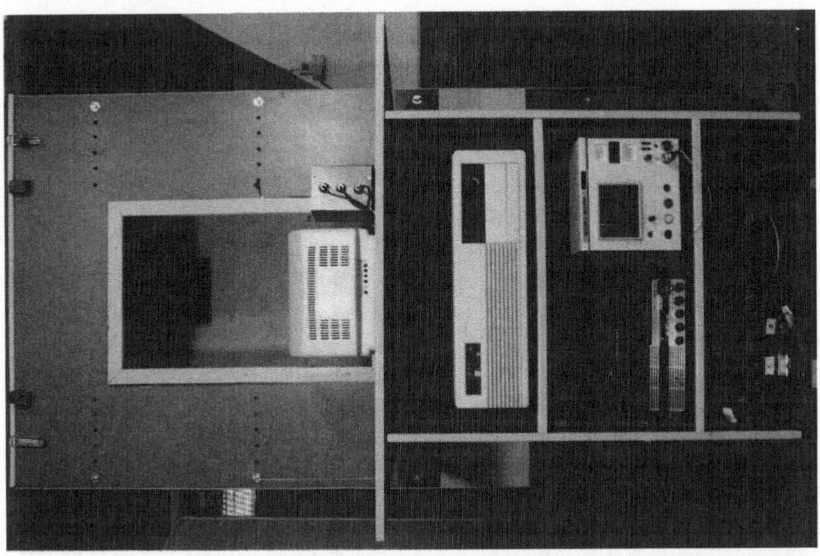

Abbildung 6.24: Reale Darstellung der Versuchsanordnung mit Farbgestaltung

lfd. Nr.	Gerätebezeichnung	Aufgabe bzw. Funktion
1	Personal-Computer mit Experimental-Multifunktionskarte (IBM - AT - kompatibel)	Durchführung der Simulation, Speicherung der ermittelten Daten
2	Monochrom-Bildschirm	Darstellung der Simulation
3	Tastatur	Eingabe alphanumerischer Daten, Hilfsmittel zur Durchführung der Planungsaufgabe
4	Maus	Hilfsmittel zur Durchführung der nachgelagerten Befragung
5	Steuerknüppel (Joystick)	Fahrzeugsteuerung bei der Durchführung der Fahraufgabe
6	Pedalerie	Beschleunigen bzw. Abbremsen des Fahrzeugs
7	Drucker	Informationsübermittlung an die Probanden, Erzeugung von Störgeräuschen
8	Schaltkasten	Schnittstelle zwischen Rechner und elektrischen Geräten
9	EKG-Gerät	Aufnahme der Pulsfrequenz
10	Tonbandgerät	Erzeugung von Motorgeräuschen
11	Lautsprecher	Übertragung von Motorgeräuschen
12	Cassettenrecorder	Übertragung von Verkehrsmeldungen, Musik und Informationen für die Probanden (Ablenkung)
13	Heizlüfter	Temperaturerhöhung
14	Temperaturmeßfühler	Aufnahme der Kabineninnentemperatur
15	Temperaturmeßgerät	Ermittlung der Umgebungstemperatur
16	Lüfterrad	Erzeugung von Zugluft
17	Video-Kamera	Verhaltenskontrolle, Überwachung der Probanden
18	Visuelles Anzeigegerät	Information über den Betriebszustand der Video-Kamera (an/aus)

Tabelle 6.3: Übersicht über die verwendeten Geräte mit kurzer Aufgabenbeschreibung

Wie der Abbildung 6.24 zu entnehmen ist, wurde die gesamte Versuchsanordnung einer Farbgestaltung unterzogen. Nach Frieling (1974, S. 20ff.) führen entsprechende Farbeindrücke beim Menschen zu psychischen und physischen Wirkungen, die für die Arbeitsleistung von Bedeutung sein können. Die Außenseite der Versuchsanordnung wurde daher grün gestaltet, dessen psychische Wirkung allgemein als "entspannend" angesehen wird. Entsprechend der Arbeitsaufgabe wurde die Innenseite "anregend" gelb ausgelegt.

6.7.4 Erläuterungen zu den Meßgrößen

Wie bereits in Kapitel 6.2 dargestellt wurde, setzt sich die Gesamtsimulation im wesentlichen aus den beiden Teilen "Planen" und "Fahren" zusammen.

Da die Ausprägung der SQ "Organisations- und Planungsfähigkeit" vornehmlich in der Planungsphase ermittelt wird und es sich hierbei um einen von der Fahraufgabe unabhängigen Programmteil handelt, werden auch die vom Rechner erfaßten Daten in einer gesonderten Datei abgespeichert. Für die Beurteilung der Planung dient u.a. die für die Erfüllung der Planungsaufgabe benötigte Zeit. Daneben ist jedoch auch die verplante Zeit, d.h. die Zeit, die bei der Umsetzung der Planung von einem LKW-Fahrer für die Belieferung der acht Kunden benötigt würde, von Bedeutung. Ein weiteres wesentliches Kriterium für die Beurteilung der Planung ist die Anzahl der insgesamt belieferten Kunden, die Anzahl der zu spät belieferten Kunden sowie die Anzahl der nicht belieferten Kunden.

Neben diesen Meßgrößen, die durch geeignete Programme ausgewertet werden können, besteht die Möglichkeit, die gesamte geplante Route ausdrucken zu lassen, um sie manuell durch Vergleich mit einer optimalen Route auszuwerten (vergleiche Abbildung 6.25). Eine Route gilt dann als optimal, wenn alle Kunden unter Einhaltung der spätesten Liefertermine beliefert werden.

Bei den bisher aufgeführten Größen handelt es sich ausschließlich um solche, die vom Probanden beeinflußt werden können.

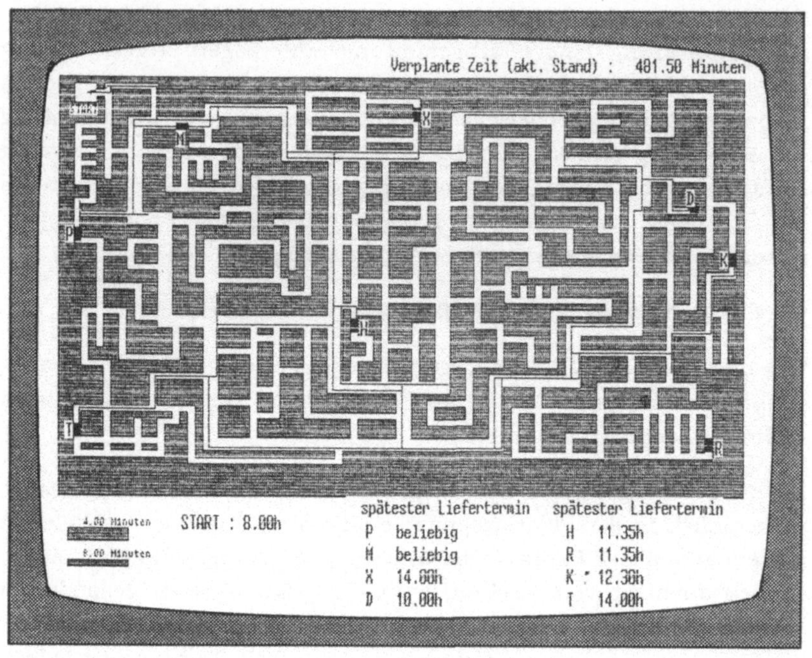

Abbildung 6.25: Ergebnis einer Planung für die manuelle Vorauswertung

Darüber hinaus erfaßt der Rechner noch unbeeinflußbare Daten, wie Art, Dauer und Reihenfolge der wirksamen Stressoren.

Der Simulationsteil "Fahren" muß geeignet sein, Aufschluß über die Ausprägung der übrigen SQ zu liefern. Das bedeutet, daß der Rechner alle zur Beurteilung der verschiedenen SQ erforderlichen Daten erfassen und abspeichern muß. Das Versuchsprotokoll umfaßt neben den Dateinamen die laut Versuchsplan wirksamen Stressoren und zwar nach Art, Dauer und Zeitpunkt der Einwirkung. Außerdem wird jedes auftretende Ereignis bzw. jede Reaktion der Probanden registriert. Im einzelnen handelt es sich hierbei um die zeitgenaue Aufnahme der folgenden Ereignisse:

- Art des aktuell wirksamen Stressors,
- Aufruf des Hilfesystems (Häufigkeit und Dauer),
- Fahrzeugstops (Häufigkeit und Dauer),
- aktuelle Verkehrssituation (Straßensperre, Gegenverkehr usw.),
- Anzahl und Art von Unfällen,
- Aufruf des Stadtplans (Häufigkeit und Dauer),
- Zeitpunkt der Kundenbelieferung,
- Zeitpunkt des Erscheinens und Dauer bis zur Bestätigung eines Symbols.

Einen Ausschnitt aus einem derartigen Protokoll zeigt exemplarisch Abbildung 6.26.

Für eine Vorauswertung der Simulation wird eine Tabelle erstellt, die für das Zeitintervall von je einer Minute folgende Informationen enthält (vergleiche Tabelle 6.4):

- Zeitpunkt der Belieferung der Kunden,
- Anzahl der Unfälle durch Verlassen der Fahrbahn,
- Anzahl der Unfälle mit Fremdfahrzeugen,
- Anzahl der Tastenbetätigungen,
- Anzahl der Unfälle an Ampeln (rote Ampel überfahren),
- Häufigkeit von riskantem Handeln (gelbe Ampel überfahren),
- Anzahl der Kartenaufrufe,
- Dauer der Kartenansicht,
- Häufigkeit und Dauer des Hilfesystemaufrufs,
- mittlere Fahrzeuggeschwindigkeit sowie
- mittlere Pulsfrequenz.

```
******************************************************************************
*                                                                            *
*       Protokoll des Simulationsteils - Fahren                              *
*                                                                            *
******************************************************************************

     folgende  Dateien liegen diesem Protokoll zugrunde :
     ---------------------------------------------------
     Name der Stressordatei : Ereigzos.pas
     Name der Objektdatei   : Fahrol.dat
     Name der Eingabedatei  : Berndl.BLK
     Name dieser Datei      : Berndl.PRO


       Versuchsplan :
       -------------

       0  0  1   2 Temperatur an
       0  8  0  12 Temperatur aus
       0 10  0   4 Cassette an
       0 18  0  14 Cassette aus
       0 20  0   1 Laerm an
       0 28  0  11 Laerm aus
       0 30  0   5 Kontrolle an
       0 38  0  15 Kontrolle aus
       Zeitangabe zeigen : Nein
       max. Fahrzeit     : 59
       Datum             : 07.04.1988

0  0  2  ******************* Heizluefter einschalten --> Temperatur an
0  1  0  --------- Symbol wird gezeigt
0  1  5  -------- Leertaste gedrueckt !  Reaktionszeit :  4.890
0  1  5  Stadtplan aufgerufen ENDE !  Dauer : 65.470
0  1 10  Angehalten  -->  Dauer : 67.120
0  1 13  irrelevanter Verkehr in Nebenstrasse
0  2 29                                  1. KUNDEN beliefert
0  2 42  Angehalten  -->  Dauer : 12.250
0  3  0  --------- Symbol wird gezeigt
0  3  3  -------- Leertaste gedrueckt !  Reaktionszeit :  3.020
0  3 37  Angehalten  -->  Dauer :  3.630
0  4  3  Angehalten  -->  Dauer : 11.970
0  4  8  Ampel taucht auf (vor Ziel 2)
0  4 25                                  2. KUNDEN beliefert
0  4 25                       Aufforderung: Kunden von anderer Seite anfahren
0  4 39  Angehalten  -->  Dauer : 14.220
0  4 59                                  2. KUNDEN beliefert
0  5  0  --------- Symbol wird gezeigt
0  5  0  Angehalten  -->  Dauer :  0.710
0  5  3  -------- Leertaste gedrueckt !  Reaktionszeit :  3.300
0  5 20  Angehalten  -->  Dauer :  7.470
0  5 45  Stadtplan aufgerufen --> ANFANG
0  5 58  Stadtplan aufgerufen ENDE !  Dauer : 12.960
0  5 59  Angehalten  -->  Dauer : 17.680
0  6 48  irrelevanter Verkehr in Nebenstrasse (auf Weg zu Ziel 3)
0  6 57  Ampel taucht auf (Kreuzung vor Ziel 3)
0  7  0  --------- Symbol wird gezeigt
0  7  5  UNFALL am Fahrbahnrand
0  7  5  -------- Leertaste gedrueckt !  Reaktionszeit :  5.870
0  7  9  Angehalten  -->  Dauer :  3.730
0  7 20                                  3. KUNDEN beliefert
0  7 20  Laderampe belegt --> 1 Minute warten
0  8 22  ******************* Heizluefter ausschalten --> Temperatur aus

   8 22  Angehalten  -->  Dauer :
         Angehalten
```

Abbildung 6.26: Ergebnisprotokoll einer Fahraufgabe

Häufigkeiten, Dauer und Mittelwerte der Meßgrößen

Minute	Anzahl besuch. Kunden	Anzahl Unfaelle am Rand	Anzahl Unfaelle m. Fahrz.	Anzahl Tasten-druecke	Anz.rote Ampeln ueberfah.	Anz.gelbe Ampeln ueberfah.	Anzahl Karten-aufrufe	Dauer Karten-ansicht	Anzahl Hilfen aufrufe	Dauer Hilfen ansicht	mittl. Geschw	mittl. Pulsfre-quenz
Heizluefter einschalten --> Temperatur an												
0	0	0	0	0	0	0	1	0.000	0	0.000	0.0000	0.00
1	0	0	0	9	0	0	0	65.470	0	0.000	4.0220	85.46
2	1	0	0	9	0	0	0	0.000	0	0.000	5.1102	97.24
3	0	0	0	8	0	0	0	0.000	0	0.000	5.1896	90.78
4	2	0	0	10	0	0	0	0.000	0	0.000	5.2665	80.76
5	0	0	0	12	0	0	1	12.960	0	0.000	2.8426	94.97
6	0	0	0	9	0	0	0	0.000	0	0.000	5.0352	94.64
7	1	1	0	4	0	0	0	0.000	0	0.000	3.8294	97.71
Heizluefter ausschalten --> Temperatur aus												
8	0	0	0	7	0	1	0	0.000	0	0.000	4.1373	89.20
9	1	0	0	11	0	0	1	4.990	0	0.000	4.3248	91.18
Cassettenrecorder einschalten --> Ablenkung an												
10	0	0	0	11	0	0	1	7.910	0	0.000	1.9338	96.86
11	0	1	0	7	0	0	0	0.000	0	0.000	3.6921	96.47
12	0	0	0	5	0	0	1	0.000	0	0.000	5.0000	90.90
13	1	1	0	11	0	0	0	15.220	0	0.000	4.8639	94.57
14	0	0	0	10	0	0	0	0.000	0	0.000	5.2786	96.00
15	1	1	0	8	0	0	0	0.000	0	0.000	4.0458	93.89
16	0	1	0	16	0	0	0	0.000	0	0.000	4.5714	93.89
17	1	0	0	10	0	0	0	0.000	0	0.000	3.5270	97.45
Gesamt	8	5	0	157	0	1	5	106.550	0	0.000	4.0372	87.89

Laenge der zurueckgelegten Strecke : 72.670

Tabelle 6.4: Häufigkeiten, Dauer und Mittelwerte der Meßgrößen für die Vorauswertung

6.8 Darstellung des experimentellen Vorgehens

6.8.1 Die Simulationsaufgabe

Die für die Simulationsaufgabe ausgewählten relevanten Arbeitseinheiten (Teiltätigkeiten) beruhen auf Ist-Zustands-Analysen an verschiedenen Verteiler-LKW-Arbeitsplätzen.

Mehrere Anforderungen sind dabei zu erfüllen:

- die Arbeitseinheiten (AE) müssen bei einem überwiegenden Teil der analysierten Arbeitsplätze beobachtet worden sein,
- sie müssen Schlüsselqualifikationen voraussetzen, d.h. jede der gewählten Arbeitseinheiten muß eine kognitive Komponente enthalten,
- sie müssen sinnvoll und realitätsnah abbildbar sein und
- sie müssen die Arbeitsaufgabe möglichst in ihrer Gesamtheit nachvollziehen.

Diesen Anforderungen genügen die Arbeitseinheiten "Tourenplanung", "Steuern eines Fahrzeuges" und "Belieferung von Kunden". Die überwiegend sensumotorisch orientierten Arbeitseinheiten des Be- und Entladevorgangs sind aus folgenden Gründen auszuklammern:

1. Innerhalb dieser Arbeitseinheiten treten überwiegend physische Belastungen und Beanspruchungen auf,
2. die vorliegende Untersuchung verfolgt das Ziel, Wirkungen von Stressoren auf psychischer (kognitiver) Ebene zu analysieren und
3. für die Untersuchung physischer Belastungen und Beanspruchungen sind umfassendere Untersuchungsstrategien erforderlich, mit aufwendigerer Gestaltung der Simulationsumgebung sowie der Simulationsaufgabe, um größtmögliche Realitätsnähe realisieren zu können.

Bei den oben erwähnten ausgewählten Arbeitseinheiten werden nun, aufbauend auf Ergebnissen einer modifizierten RHIA-Analyse, typische psychische Belastungsschwerpunkte identifiziert und als Teilelemente in die Aufgabe übernommen. So wird z.B. innerhalb der Arbeitseinheit "Belieferung von Kunden" eine "Unterbrechung durch Blockierung", wie sie das RHIA-Verfahren unterscheidet, in Form einer besetzten

Laderampe mit entsprechender Wartezeit realisiert. Eine Auflistung der in der Simulationsaufgabe enthaltenen Regulationsbehinderungen (Regulationshindernisse, Regulationsüberforderungen) kann der Abbildung 6.6 auf Seite 42 entnommen werden.

6.8.2 Die unabhängigen Variablen

Umgebungseinflüsse und ergonomisch ungünstige Bedingungen, die im RHIA-Verfahren als "aufgabenunspezifische Regulationsüberforderungen" erfaßt werden, wurden auf ihre Relevanz bezüglich der LKW-Fahrtätigkeit überprüft. Während in psychologischen Arbeits- und Belastungsanalysen ein rein deskriptives Vorgehen eingeschlagen wird (in RHIA werden diese Bedingungen lediglich aufgelistet), wird in der hier vorliegenden Untersuchung der Versuch unternommen, Wirkungszusammenhänge zwischen diesen als Stressoren bezeichneten Regulationsüberforderungen und verschiedenen abhängigen Variablen (Leistungsdaten, physiologische und psychologische Variablen) zu analysieren.

In einer der experimentellen Anordnungen werden die Versuchspersonen während der Durchführung der Simulationsaufgabe sukzessive verschiedenen Umweltbedingungen (Stressoren) ausgesetzt.

Es handelte sich dabei um:

1. Lärm,
2. Temperatur,
3. Ablenkung,
4. Kontrolle und
5. Zugluft (vgl. auch Tabelle 6.2).

In einer weiteren experimentellen Anordnung wird ein Stressor (entweder Lärm oder Temperatur) über die Dauer der gesamten Simulationsaufgabe aufrechterhalten. Zusätzlich sind die Probanden aufeinanderfolgenden Stressoren ausgesetzt, wobei jeweils derjenige Stressor wegfällt, der schon über die Gesamtdauer der Simulation wirksam ist.

Die Kontrollgruppe bearbeitet die Simulationsaufgabe ohne zusätzliche Einflüsse (Stressoren).

6.8.3 Auswahl der Probanden

Bezüglich der Auswahl der Probanden stehen drei Gesichtspunkte im Vordergrund.

1. Die Effekte der Stressoren auf die verschiedenen abhängigen Variablen (siehe auch Kap. 6.8.4) sollen unabhängig von Teilpopulationen (Studenten, LKW-Fahrer) den Hypothesen entsprechend (vergleiche Kap. 6.1) abgebildet werden, d.h. es soll eine generelle Wirksamkeit der experimentellen Anordnungen vorliegen.
2. Es soll für die verschiedenen Teilpopulationen (s.o.) überprüft werden, ob sich signifikante Unterschiede in den Ausprägungen der Schlüsselqualifikationen ergeben. Da insbesondere bei LKW-Fahrern davon ausgegangen werden muß, daß für einen Großteil dieses Personenkreises eine gänzlich neuartige Situation vorliegt und somit die Versuchssituation selbst verzerrende Einflüsse beinhalten kann, wird die individuelle Erfahrung im Umgang mit EDV ermittelt.
3. Um auch innerhalb der o.g. Teilpopulationen gezielte Vergleiche zu ermöglichen, werden verschiedene demographische Daten erhoben. Hierbei wird nach erlerntem Beruf, Berufsjahren, gefahrenen Kilometern pro Jahr, Dauer des Führerscheinbesitzes u.a. gefragt (vgl. Kapitel 6.7.2 und Anhang A I). Die Zuteilung der Probanden zu den verschiedenen experimentellen Versuchsgruppen sowie zu der Kontrollgruppe geschieht nach dem Zufallsprinzip, unabhängig davon, welcher Teilpopulation sie angehören. Dabei wird ein proportionales Verhältnis von Studenten und LKW-Fahrern innerhalb jeder Versuchsgruppe angestrebt. Aufgrund von Probandenausfällen in der LKW-Fahrergruppe konnte dies allerdings nur teilweise realisiert werden.

6.8.4 Die abhängigen Variablen

Um eine Aussage bezüglich der Ausprägung der Schlüsselqualifikationen treffen zu können, wird eine Reihe von Leistungsdaten der verschiedenen Versuchspersonen erhoben.

Wie bereits in Kapitel 6.7.4 ausführlich beschrieben, handelt es sich hierbei beispielsweise um Häufigkeit und Dauer des Hilfesystemaufrufs, um zurückgelegte Wegstrecken, um Anzahl und Art von Fehlleistungen usw.

Bei der Auswahl geeigneter physiologischer Meßgrößen steht das Kriterium "Beeinträchtigungsfreiheit" im Vordergrund. Aus diesem Grunde kommt bei der vorliegenden Untersuchung lediglich die Ermittlung der Pulsfrequenz in Frage. Mittels eines Ohrpulsabnehmers (photoelektrischer Transmissionsabnehmer) wird sie während der Simulationsdurchführung kontinuierlich registriert. Außerdem erfolgt zu drei definierten Zeitpunkten der Untersuchung eine Messung des systolischen und diastolischen Blutdruckes (nach der allgemeinen Einführung in die Simulationsaufgabe, vor der Durchführung der Simulationsaufgabe, nach der Durchführung der Simulationsaufgabe). Den physiologischen Maßen kommt im Rahmen dieser Untersuchung eine Kontrollfunktion zu, d.h. sie sollen eine Validitätsschätzung der Leistungsdaten unterstützen.

Zu den psychologischen Variablen

- subjektive Befindlichkeit,
- psychosomatische Beschwerden und
- subjektive Beurteilung der Simulation

werden mittels eines computergestützten Fragebogens weitere Daten erhoben. Die Auswahl der Items erfolgt in Anlehnung an Verfahren von Walbott 1985, Fahrenberg 1975.

6.8.5 Versuchsplan mit einmaliger Messung

Bei der Experimentalgruppe der ersten experimentellen Anordnung werden unterschiedliche Stressorenkombinationen realisiert. Dies ist erforderlich, um evtl. auftretende Reihenfolgeeffekte zu vermeiden. Außerdem wird dadurch sichergestellt, daß einerseits jeder Stressor an jeder Stelle der Simulationsaufgabe auftreten kann und daß andererseits dieses Auftreten unabhängig von der Bearbeitungsgeschwindigkeit der Probanden in einem bestimmten Zeitintervall der Aufgabe erfolgen kann (vergleiche Abbildung 6.27).

Stressorenkombinationen	Stressoren				
A 0	0	0	0	0	0
A 1	1	2	3	4	5
A 2	2	5	4	1	3
A 3	3	1	5	2	4

Legende: 0 = ohne Stressor
1 = Lärm
2 = Temperatur
.
.
.

Abbildung 6.27: Beispiele für mögliche Stressorenkombinationen

Die zweite Experimentalgruppe erhält zusätzlich zu den Stressorkombinationen einen weiteren Stressor, der über die Dauer der gesamten Simulationsaufgabe wirksam ist (vergleiche Abbildung 6.28). Da bei dieser Überlagerung jeweils ein Stressor doppelt auftritt, wird dieser in der Stressorenkombination eliminiert. Zur Verdeutlichung wird auf die Abbildung 6.27 und 6.28 verwiesen. Der Abbildung 6.27 kann entnommen werden, daß z.B. die Sressorenkombination A2 aus fünf aufeinanderfolgenden Stressoren besteht. Wird diese Stressorenkombination nun bei der Experimentalgruppe 2 beispielsweise mit dem Stressor 1 (Lärm) überlagert, so wird dieser Stressor in A2 eliminiert (vergleiche Abbildung 6.28).

<table>
<tr><th>Stressorenkombination</th><th colspan="4">Stressoren</th></tr>
<tr><td rowspan="2">A 2 / A 7</td><td>2</td><td>5</td><td>4</td><td>3</td></tr>
<tr><td colspan="4">1</td></tr>
</table>

Abbildung 6.28: -Stressorkombination mit einem überlagerten Stressor

Die Probanden der Kontrollgruppe führen lediglich die Simulationsaufgabe durch.

Es erfolgt eine randomisierte Zuteilung der Versuchspersonen zu den drei Versuchsgruppen.

"Der hier gewählte Kontrollgruppenansatz bietet den Vorteil einer hohen internen Validität, indem verzerrende Effekte, z.B. durch Ermüdung, Hunger, Wirkung der Untersuchung selbst, Zeitstabilität der Meßeinrichtung etc. gleichermaßen bei Experimental- und Kontrollgruppen auftreten und somit statistisch unwirksam werden" (Hoyos, Kastner 1985, S. 33).

Lerneffekte, wie sie bei einem Versuchsplan mit identischen Probanden in Experimental- und Kontrollgruppe als Störeinfluß erscheinen können, sind durch diese randomisierte Aufteilung der Versuchspersonen in eine der drei Gruppen auszuschließen.

Sowohl in den Experimentalgruppen als auch in der Kontrollgruppe wird von den Probanden dieselbe Simulationsaufgabe bearbeitet. Dadurch wird die Gesamtheit der Versuchspersonen mit allen in die Aufgabe eingebauten Regulationshindernissen konfrontiert. Der Zeitpunkt des Auftretens dieser Aufgabenelemente folgt keinem zeitlich fixierten Schema, da es hauptsächlich von der Geschwindigkeit der Simulationsdurchführung von Seiten des Probanden abhängt, zu welchem Zeitpunkt eine bestimmte Simulationssituation auftritt. Bei vollständiger Erledigung der Aufgabe muß jedoch jeder Proband jedes Regulationshindernis mindestens einmal bewältigen.

In den Experimentalgruppen tritt zu diesen Aufgabeneffekten noch der Effekt durch die experimentell erzeugten Stressoren hinzu. In beiden Gruppen folgen diese Stressoren einem zeitlich fixierten Plan, der eine jeweilige Stimulierung des Probanden durch einen Stressor für ein Acht-Minuten-Intervall vorsieht. Nach einer zweiminütigen Pause, die dazu dient, die Wirkung des vorausgegangenen Stressors abklingen zu lassen, um keine unbeabsichtigten Überlagerungen zu erhalten, setzt jeweils das nächste Stressorintervall ein. Wie schon erwähnt, variiert die Reihenfolge der einzelnen Stressoren, nicht jedoch der zeitliche Ablauf, wie Abbildung 6.29 zeigt.

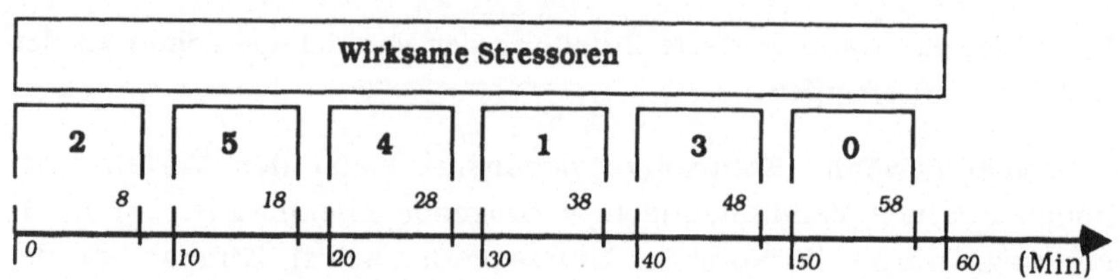

Abbildung 6.29: Zeitliche Aufeinanderfolge der unterschiedlichen Stressoren

Die zweite Experimentalgruppe wird zusätzlich einem kontinuierlich über die gesamte Simulationsdauer wirksamen Stressor ausgesetzt, d.h., daß zu jedem Zeitpunkt der Aufgabenbearbeitung, mit Ausnahme der zweiminütigen Pausenintervalle, zwei unterschiedliche Stressoren wirksam sind. Die wechselnden Stressoren folgen dem gleichen Zeitschema (8-Minuten Stimulation - 2 Minuten Pause) wie bei der ersten Experimentalgruppe (vergleiche Abbildung 6.30).

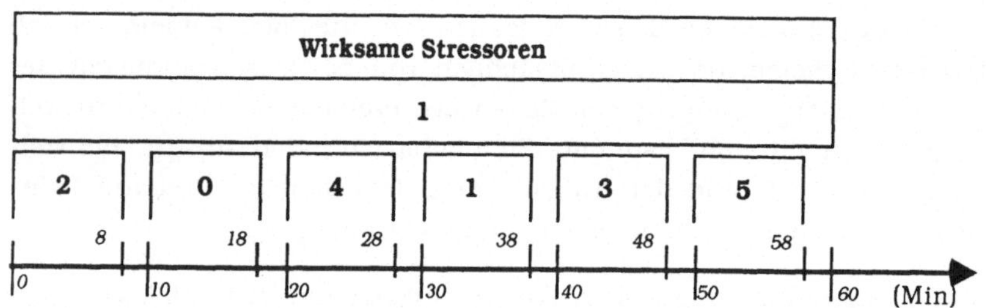

Abbildung 6.30: Zeitliche Aufeinanderfolge der unterschiedlichen Stressoren mit überlagertem Stressor

Die Registrierung der abhängigen Leistungsdaten erfolgt kontinuierlich durch eine rechnerinterne Aufzeichnung, die es gestattet, die erfaßten Daten der Probanden bestimmten Aufgabensituationen zuzuordnen.

Bezüglich der Auswertung der physiologischen Daten gilt es zusätzlich, die Ausgangswerteproblematik zu bedenken. Hierunter ist eine von Wilder (1958) beschriebene Eigenschaft physiologischer Werte zu verstehen, wonach je nach Erregtheitszustand des Organismus die

Ausprägungen der physiologischen Meßwerte unterschiedlich ausfallen können. Bei einem hohen Ausgangsniveau sind dabei sogar paradoxe Reaktionen vorstellbar, wie beispielsweise eine Abnahme der Pulsfrequenzwerte, obwohl die Versuchsperson einer Belastung ausgesetzt ist. Der Ausgangswerteeffekt kann dadurch reduziert werden, daß identische Versuchspersonen sowohl in der Experimentalgruppe als auch in der Kontrollgruppe eingesetzt werden, da sich die Ausgangswerte dann jeweils auf denselben Organismus beziehen. Diese Maßnahme ist jedoch mit dem Nachteil unkontrollierter Lerneffekte verbunden (vergleiche hierzu auch Kapitel 6.8.6).

In der Literatur ist der Umgang mit dieser Ausgangswerteproblematik umstritten (siehe ausführliche Diskussion bei Myrtek, Förster, Wittmann 1977). Es werden von verschiedenen Autoren Korrekturverfahren vorgeschlagen (z.B. Autonomic Lability Score (ALS) von Lacey und Lacey, (1962)), die allerdings ebenfalls mit spezifischen Nachteilen behaftet sind. Myrtek, Förster, Wittmann (1977) schlagen die Verwendung einfacher Differenzwerte vor und konnten die Berechtigung dieses Vorgehens experimentell nachweisen. Diesem Vorschlag wird in der vorliegenden Untersuchung gefolgt. Meßgrundlage für die Bildung der Ausgangswerte bildet jeweils ein einminütiges Intervall vor jeder Stressorrealisierung, wobei ein Durchschnittswert der Pulsfrequenz ermittelt wird. Der Situationsmeßwert ergibt sich durch Mittelung der erhobenen Daten innerhalb des Acht-Minuten-Intervalls der Stressorwirkung. Die psychologischen Daten werden vor und nach der Simulationsdurchführung durch einen computergestützten Fragebogen erhoben (vergleiche auch Kap. 6.7.2). Die folgenden Abbildungen 6.31 bis 6.33 zeigen den realisierten Versuchsplan für die einmalige Messung in Bezug auf zwei Experimentalgruppen und eine Kontrollgruppe sowie die erfaßten physiologischen Werte und Leistungsparameter.

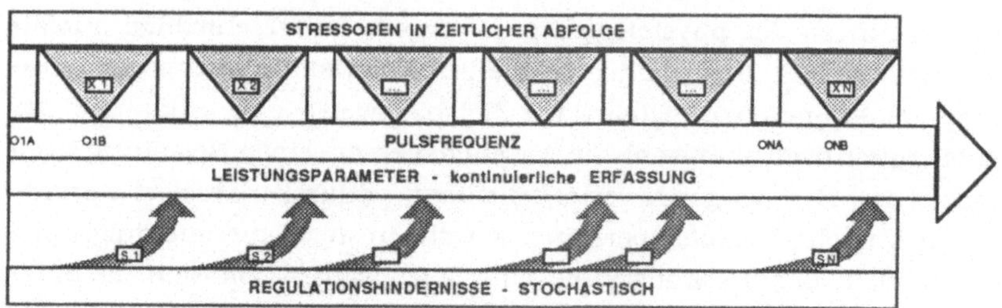

Abbildung 6.31: Realisierter Versuchsplan für die Experimentalgruppe 1 (ohne Überlagerung)

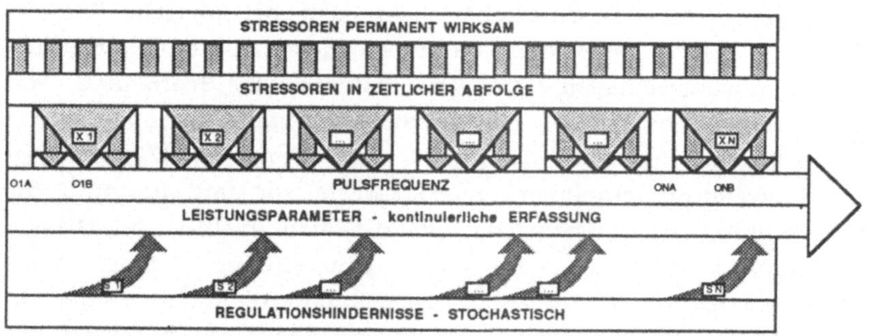

Abbildung 6.32: Realisierter Versuchsplan für die Experimentalgruppe 2 (mit Überlagerung)

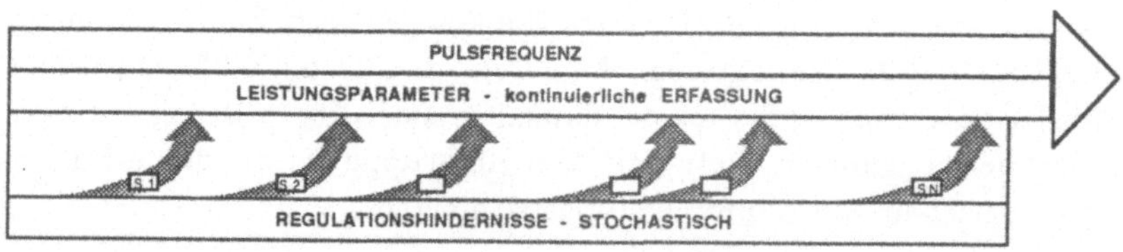

Abbildung 6.33: Realisierter Versuchsplan für die Kontrollgruppe (ohne Stressoren)

Legende Abb. 6.31 - 6.33:

X	: Stressoren
S	: Regulationshindernisse (Aufgabenimmanent)
O A	: Ausgangswert (ohne Stressor)
OB	: Situationswert (mit Stressor)

6.8.6 Versuchsplan mit Meßwiederholung

Der Umgang mit einem komplexen Versuchsaufbau einer Computersimulation ist von vorausgegangener Erfahrung mit EDV allgemein abhängig. Um einerseits Gewöhnungseffekte abschätzen zu können und um andererseits mögliche Lerneffekte zu kontrollieren, wird für eine bestimmte Anzahl von Versuchspersonen ein Meßwiederholungsplan realisiert. Damit sind einige methodische Vorteile verbunden. Neben einer Verkürzung der Versuchsdauer durch Zeitersparnis bei der Einführung in den Ablauf der Simulation bringt ein Meßwiederholungsplan eine Reduktion der Fehlervarianz mit sich. Dadurch, daß zwei Messungen mit derselben Versuchsperson vorgenommen werden, kann die Fehlervarianz in dem Ausmaß reduziert werden, in dem diese beiden Maße miteinander korrelieren (McGuigan 1979, S. 282).

Es gilt jedoch auch, mögliche Nachteile, wie beispielsweise den des Reihenfolgeeffektes, zu beachten. Diesem Effekt wird durch eine zufällige Aufteilung der Versuchspersonen in insgesamt vier verschiedenen Gruppen (3 Experimental-, 1 Kontrollgruppe) vorgebeugt. Während bei drei Gruppen mindestens eine der Messungen unter Stressoreinfluß stattfindet, erhält die Kontrollgruppe jeweils nur die Simulationsaufgabe zur Bearbeitung. Damit sollen

1. Effekte von Vertrautheit im Umgang mit einer neuen Situation (für alle Gruppen),
2. Gewöhnung an Stressoreinfluß (für die Gruppe mit Stressoreinfluß im ersten und zweiten Durchgang) sowie
3. Effekte von Leistungsverbesserungen durch Lernen (in allen Gruppen) überprüft werden.

Bei der Gruppe, die Stressoren im ersten Durchgang, jedoch keine Stressoren beim zweiten Durchgang erhält, soll festgestellt werden, inwieweit ein Lernprozeß durch eine belastende Situation gemindert wird.

Fehlereffekten durch Probandenausfälle kann durch den relativ geringen zeitlichen Abstand zwischen den beiden Simulationsdurchgängen (2 Wochen) entgegengewirkt werden. Andererseits gewährleistet dieser Zeitraum eine hinreichende Distanz, da aufgrund der Komplexität der Aufgabe hohe Anforderungen an die Gedächtnisleistung der Probanden gestellt werden und davon ausgegangen werden kann, daß nach zwei Wochen die Aufgabenschwierigkeit nicht auf ein Minimum absinken wird. Diese Annahme wird durch Vorversuche untermauert, durch die nachgewiesen wird, daß erst durch drei Simulationswiederholungen (d.h. nach insgesamt vier Simulationsdurchgängen) die Bearbeitungsgeschwindigkeit um durchschnittlich 45 % gesteigert wird. Die durchschnittliche Zahl der Fehlleistungen nimmt gleichzeitig um 38 % ab.

Bedingungen, die in der statistischen Auswertung bei Meßwiederholungsplänen eingehalten werden müssen (z.B. Reliabilitäts-Validitäts-Dilemma, siehe hierzu Petermann 1978) und die zu Einschränkungen in der Betrachtung der Ergebnisse führen, können in der Gegenüberstellung mit den Ergebnissen des Hauptversuchs (einmalige Messung) hingenommen werden. Es gilt in erster Linie, zusätzliche Informationen zu erhalten, die die Interpretierbarkeit der Hauptuntersuchung erleichtern sollen. Eine Gesamtübersicht über die Versuchs- bzw. Kontrollgruppe mit Meßwiederholung gibt die Abbildung 6.34.

Durchgang	Versuchsgruppe			Kontroll-gruppe
	1	2	3	
1	+ +	+ +	-	-
2	+ +	-	+ +	-
Anzahl der Probanden	14	14	9	16

Legende: + + = unterschiedliche Stressoren in zufälliger Reihenfolge
- = keine wirksamen externen Stressoren

Abbildung 6.34: Gesamtübersicht über die Versuchs- bzw. Kontrollgruppe mit Meßwiederholung

6.8.7 Durchführung von Pretests

Vor Beginn der Versuchsdurchführung sind Pretests mit folgenden Hauptzielen erforderlich:

- Eliminierung von Programmfehlern,
- Evaluierung der Aufgabenschwierigkeit,
- Test der Instruktionsverständlichkeit,
- Test des angestrebten zeitlichen Rahmens und
- Ermittlung des Lerneffektes bei mehrmaliger Wiederholung.

Als Testgruppe stehen Studenten mit bzw. ohne Rechnererfahrung zur Verfügung. Zur Erreichung der o.a. Ziele wird bei den Pretests seitens der Probanden die "Methode des lauten Denkens" angewendet, d.h. sie äußern sich während der Versuchsdurchführung verbal, um so z.B. Verständnisschwierigkeiten frühzeitig ausräumen zu können. Parallel dazu wird die Versuchsdurchführung mittels Video-Kamera dokumentiert und später ausgewertet. Im Anschluß an die Simulationsdurchführung erfolgt außerdem noch eine Befragung der Probanden bezüglich der o.a. Punkte.

6.8.8 Simulationsdurchführung mit Probanden

Um die Vergleichbarkeit der Untersuchungsdaten zu gewährleisten, wird der Versuchsablauf nach dem in Abbildung 6.35 dargestellten Versuchsablaufplan durchgeführt. Wie der Abbildung zu entnehmen ist, erfolgt die Durchführung der Simulation auf zwei gleichartigen Rechnern (Rechner 1 bzw. Rechner 2). Dies ermöglicht eine Verkürzung der insgesamt für die Versuchsdurchführung benötigten Zeit. Während ein Proband die eigentliche Simulation durchführt (Erledigung der Planungs- bzw. Fahraufgabe), absolviert der folgende Proband am zweiten Rechner bereits die Befragung sowie den Übungsteil.

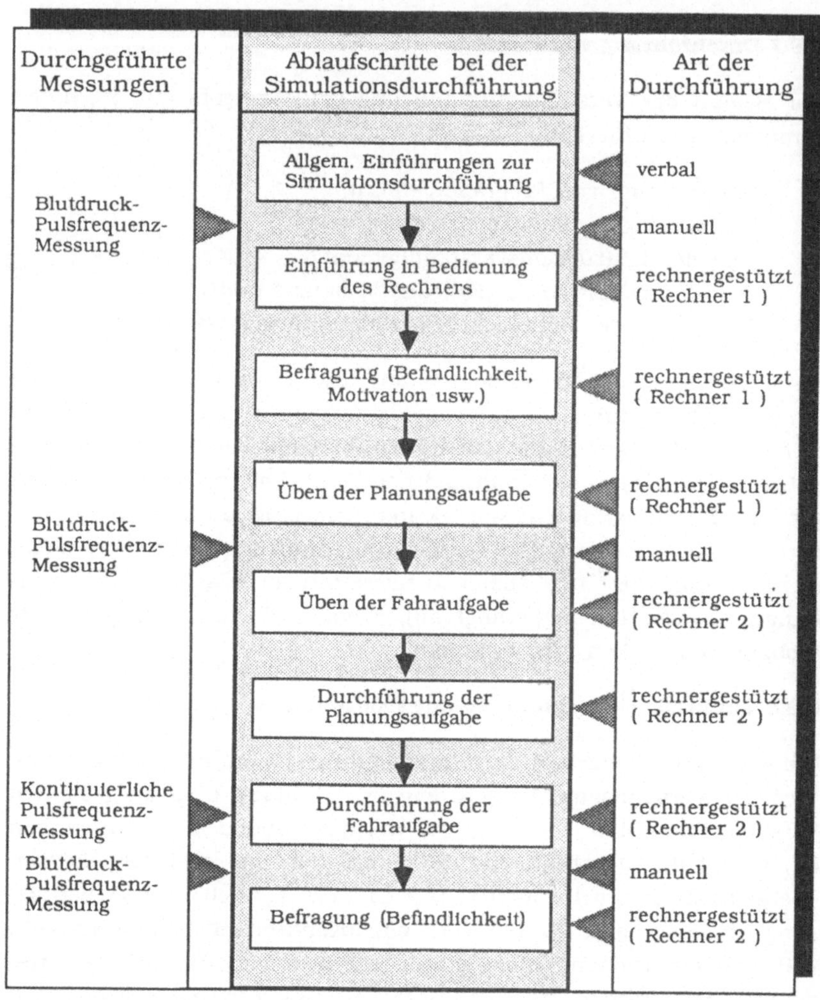

Abbildung 6.35: Versuchsablaufplan

Diese Vorgehensweise wurde insbesondere dadurch erforderlich, da die Versuchsgruppe der LKW-Fahrer nur für kurze Zeit zur Verfügung stand.

Zu Beginn jeder Untersuchung erfolgt durch den Versuchsleiter anhand einer Übersichtstafel eine Einweisung in den Versuchsablauf sowie die verschiedenen Versuchsstationen. Anschließend wird eine Blutdruck- und Pulsfrequenzmessung durchgeführt.

Nach Eingabe des Namens bzw. einer Code-Nummer erhält der jeweilige Proband am Rechner 1 eine Einführung in die Rechnerbedienung. Diese ist so ausgelegt, daß er die Geschwindigkeit der Abarbeitung selbst bestimmen kann.

Nach der Einweisung in die Rechnerbedienung erfolgt eine erste "spielerische" Anwendung des soeben Gelernten in Form einer computerunterstützten Befragung. Die Hauptaufgabe der Simulation besteht in der Durchführung einer Planungs- bzw. Fahraufgabe. Um einen hinreichenden Geübtheitsgrad bei allen Probanden sicherstellen zu können, erfolgt im Anschluß an die Befragung eine Phase, in der die Planung an einem einfachen Beispiel geübt werden kann. Diese Planungsaufgabe ist so ausgelegt, daß sie alle möglichen Reaktionen des Rechners beinhaltet. Die Übungsaufgabe kann zu jedem beliebigen Zeitpunkt vom Probanden abgebrochen werden.

Nach Beendigung der Planungsübung erfolgt eine erneute Blutdruck- und Pulsfrequenzmessung, bevor die Versuchsperson am Rechner 2 (in der Untersuchungskabine) den Versuch fortführt. Der Wechsel an den zweiten Rechner wird zu diesem Zeitpunkt erforderlich, da für die nun folgende Fahrübung die Pedalerie (Gaspedal und Bremspedal) erforderlich ist. Die Fahrübung kann ebenfalls wie die Planungsübung beliebig lange durchgeführt werden. Sie besteht aus einem Demonstrationsteil, in dem mögliche Fahrsituationen gezeigt werden, ohne daß ein Eingreifen möglich ist. Im Anschluß daran besteht die Möglichkeit, das Fahren aktiv zu üben. Auch diese Übung kann jederzeit abgebrochen werden. Die Planungsaufgabe kann gestartet werden, wenn die Versuchsperson einen hinreichenden Geübtheitsgrad erreicht hat.

Von diesem Zeitpunkt an werden die zuvor vom Versuchsleiter festgelegten Stressoren wirksam und alle in Abschnitt 6.8.4 bereits dargestellten Meßgrößen vom Rechner erfaßt.

Im Anschluß an die Planungsaufgabe erfolgt - ggf. ebenfalls unter der Wirkung zuvor festgelegter Stressoren - die Ausführung der Fahraufgabe, deren Daten ebenfalls vom Rechner erfaßt werden. Die Fahraufgabe gilt als beendet, nachdem der Proband alle Kunden beliefert hat bzw. die für die Erledigung der Fahraufgabe vorgegebene Maximalzeit abgelaufen ist.

Im unmittelbaren Anschluß an die Fahraufgabe wird eine letzte Blutdruck- und Pulsfrequenzmessung durchgeführt. Den Abschluß der Simulation bildete eine erneute Befragung der Probanden, die an Rechner 2 durchgeführt wurde.

Neben den direkt vom Rechner erfaßten Daten wird für jeden Probanden ein Versuchsprotokoll erstellt. Dies ist erforderlich, um bei wechselnden Versuchsleitern eine einheitliche Vorgehensweise sicherstellen zu können. Das Versuchsprotokoll enthält neben Angaben zur organisatorischen Vorgehensweise Name bzw. Code-Nr. der Probanden, Art und Zeitpunkt der wirksamen Stressoren sowie Felder für die Eintragung der drei ermittelten Blutdruckmeßwerte.

7. Ergebnisse der durchgeführten Untersuchung

Da die Simulation aus den beiden Aufgabenblöcken "Planen" und "Fahren" besteht, wird für diese beiden Teilbereiche auch eine getrennte Auswertung durchgeführt.

Der Grund hierfür liegt darin, daß die Planungsaufgabe speziell auf die Ermittlung der Schlüsselqualifikation "Organisations- und Planungsfähigkeit" zugeschnitten ist, während die Fahraufgabe vornehmlich dazu dient, Aussagen bezüglich der übrigen Schlüsselqualifikationen zu ermöglichen. Hierzu dienen die in der Abbildung 6.13 auf Seite 52 zusammengestellten Merkmale.

Durch ein Auswahlverfahren werden diejenigen Merkmale ermittelt, die sowohl Aussagen im Sinne der Aufgabenstellung ermöglichen, als auch die Randbedingungen des nachfolgend näher erläuterten Testverfahrens erfüllen.

7.1 Auswertung der Planungsergebnisse

Um eine quantitative Aussage bezüglich der Schlüsselqualifikation "Organisations- und Planungsfähigkeit" zu ermöglichen, werden die entsprechenden Merkmale miteinander verknüpft.

Diese Verknüpfung erfolgt durch einen Test, der nach Lienert "ein wissenschaftliches Routineverfahren zur Untersuchung eines oder mehrerer empirisch abgrenzbarer Persönlichkeitsmerkmale mit dem Ziel einer möglichst quantitativen Aussage über den relativen Grad der individuellen Merkmalsausprägung" darstellt (Lienert 1969, S. 7).

In der vorliegenden Simulation sind seitens der Probanden die bereits beschriebenen Simulationsaufgaben zu erfüllen. Der Grad der Erfüllung der Aufgaben, die jeweils zu einem Test zusammengefaßt werden, läßt Rückschlüsse auf das den Aufgaben zugrundeliegende Persönlichkeitsmerkmal zu.

Wesentliche Kriterien für die Güte eines Tests sind nach Lienert (1969, S. 38) Objektivität, Reliabilität und Validität. Das setzt voraus, daß die einzelnen Aufgaben bereits objektiv, reliabel und valide sind. Bezüglich dieser Testkriterien ist zu berücksichtigen, daß sie auch untereinander in Beziehung stehen. Zwischen Reliabilität und Objektivität besteht, wie der Abbildung 7.1 zu entnehmen ist, eine einseitige, lineare Abhängigkeit, d.h. mit zunehmender Objektivität steigt i.d.R. auch die Reliabilität an.

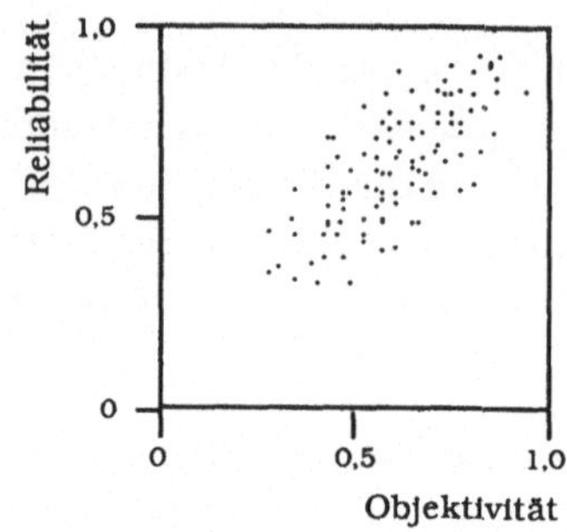

Abbildung 7.1: Darstellung der Beziehung zwischen Reliabilität und Objektivität (Lienert 1969, S. 38)

Neben der Reliabilität und Objektivität einer Testaufgabe ist außerdem die Aufgabenvalidität zu berücksichtigen.
Ein Maß für dieses Aufgabenkriterium ist die sog. "Trennschärfe". Die Trennschärfe einer Testaufgabe steht mit einem weiteren Kriterium, der Aufgabenschwierigkeit, in einem funktionalen Zusammenhang. Die Schwierigkeit p einer Aufgabe ist definiert als Quotient aus der Anzahl der Probanden N_R, die die Aufgabe im Sinne des Tests erfüllt haben, also eine festgesetzte Ausprägung des Merkmals erreicht haben, zur Gesamtzahl der Probanden N.

$$p = \frac{N_R}{N}$$

Eine Testaufgabe wird als trennscharf bezeichnet, wenn sie mit dem Gesamtpunktwert eines Testes hinreichend korreliert (vergleiche Lienert 1969, S. 39).

Soll der korrelative Zusammenhang zwischen dem Gesamtpunktwert eines Testes (Merkmal y, intervallskaliert) und den Ausprägungen der Testaufgabe (Merkmal x, künstlich dichotom) untersucht werden, so steht als mögliches Verfahren die biseriale Korrelation zur Verfügung.

Obwohl die im Rahmen der hier behandelten Planungsaufgabe vorgegebenen Merkmale intervallskaliert vorliegen, werden sie aus untersuchungstechnischen Gründen in zwei Kategorien unterteilt. Damit wird eine künstliche Dichotomie erzeugt, die unter der Voraussetzung, daß die Merkmalsausprägungen einer Normalverteilung unterliegen, die Berechnung des biserialen Korrelationskoeffizienten ermöglicht.

Im vorliegenden Fall wird die Annahme einer Normalverteilung der Meßdaten nicht überprüft , weshalb - Hinweisen der Literatur folgend (vgl. Bortz 1977, S. 275) - die punktbiseriale Korrelationsrechnung Anwendung findet. Für den Trennschärfekoeffizienten einer Aufgabe ergibt sich der punktbiseriale Korrelationskoeffizient wie folgt:

$$r_{p\,bis} = \frac{\overline{X}_R - \overline{X}}{s_x} * \sqrt{\frac{N}{N - N_R}}$$

mit: $\overline{X}$ = arithmetisches Mittel aller Testrohwerte. (Der Testrohwert ergibt sich als Summe der Punkte für alle im Sinne der Aufgabenstellung erfüllten Testelemente (Individueller Gesamttestpunktwert)

Hier: Testelement erfüllt :1 Punkt

Testelement nicht erfüllt :O Punkte)

$\overline{X}_R$ = arithmetisches Mittel der Testrohwerte von denjenigen Pbn, die die Aufgabe erfüllt haben,

s_x = Standardabweichung der Testrohwerte aller Pbn,

N = Anzahl aller Pbn,

N_R = Anzahl derjenigen Pbn, die die Aufgabe erfüllt haben.

Somit ergibt sich der funktionale Zusammenhang zwischen dem Trennschärfekoeffizienten (entspricht dem punktbiserialen Korrelationskoeffizienten) und dem Schwierigkeitsgrad einer Aufgabe zu:

$$r_{p\,bis} = \frac{\overline{X}_R - \overline{X}}{s_x} * \sqrt{\frac{p}{1 - p}}$$

"Zwischen der Trennschärfe und Schwierigkeit ... besteht eine paraboloide Abhängigkeit ..., d.h. bei geringer Schwierigkeit einer Aufgabe ist auch ihre Trennschärfe gering, mit ansteigender Schwierigkeit wächst die Trennschärfe und erreicht bei einer mittleren (50%igen) Schwierigkeit ihr Maximum; erhöht sich die Schwierigkeit weiter, so nimmt die Trennschärfe wieder ab bis zu einem Minimum bei höchster Schwierigkeit" (Lienert 1969, S. 40, vergleiche auch Abbildung 7.2).

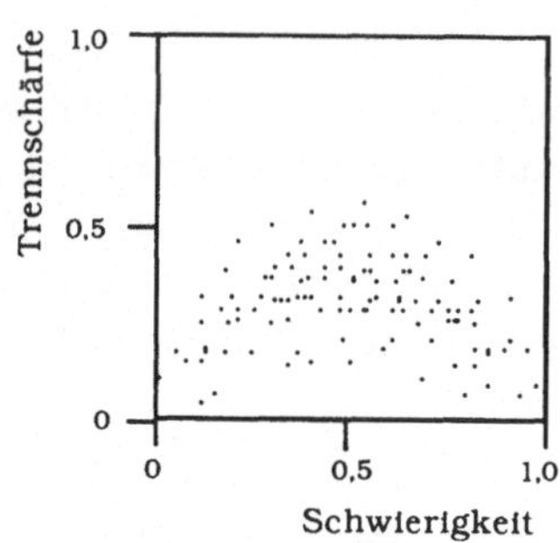

Abbildung 7.2: Darstellung der Beziehung zwischen Trennschärfe und Schwierigkeit (Lienert 1969, S. 40)

Um eine hohe Validität der jeweiligen Testaufgabe zu erreichen soll der Trennschärfekoeffizient einen größtmöglichen Wert annehmen. Dies kann - wie bereits gezeigt wurde - durch eine Aufgabenstellung mittleren Schwierigkeitsgrades (p=0,5) realisiert werden. Im Rahmen eines Vortests kann durch Festlegung der Intervallgrenzen der gewünschte Schwierigkeitsgrad erzielt werden. Aus dem Schwierigkeitsgrad ergibt sich der Trennschärfekoeffizient der jeweiligen Aufgabe.

Nach Heeg (1988, S. 60) sollte der biseriale Korrelationskoeffizient größer als 0,1 sein. Ist dies nicht der Fall, so muß über eine Veränderung der Merkmalsgrenzen der jeweiligen Aufgabenstellung versucht werden, diesen Koeffizienten zu vergrößern unter der Bedingung, daß der Schwierigkeitsgrad sich weiterhin in einem Intervall zwischen 0,1 und 0,9 befindet.

Aus den oben aufgezeigten formelmäßigen Zusammenhängen geht hervor, daß die Veränderung einer Merkmalsgrenze die Veränderung der Trennschärfekoeffizienten aller anderen Merkmale zur Folge hat.

Somit entsteht ein rekursiver Prozeß, der dazu führt, daß alle Merkmale, die die genannten Richtwerte nicht erreichen, eliminiert werden, bzw. daß die verbleibenden Merkmale des Vortests in den eigentlichen Test übernommen werden können. Für den nachfolgenden Test sind somit die zulässigen Intervallgrenzwerte endgültig festgelegt. Die Abbildung 7.3 zeigt die oben beschriebene Vorgehensweise in schematischer Darstellung.

Die in der Abbildung 6.13a bereits aufgeführten Merkmale erwiesen sich nach Durchführung des Vortests alle als geeignet, um Aussagen bezüglich der Schlüsselqualifikation "Organisations- und Planungsfähigkeit" zu treffen. Zum besseren Verständnis der Auswertung werden nachfolgend die der Schlüsselqualifikation "Organisations- und Planungsfähigkeit" zugeordneten Merkmale näher erläutert:

Merkmal 1: Benötigte Zeit für die mentale Repräsentation des Problemraumes

Grundvoraussetzung für ein optimales Planungsergebnis ist die vollständige Erfassung der Planungsaufgabe. Unterschiedliche Planer werden hierzu unterschiedliche Zeiten benötigen. Es kann allgemein davon ausgegangen werden, daß Planer mit einer hohen Ausprägung der entsprechenden Schlüsselqualifikation insgesamt die Aufgabenstellung schneller durchdringen als solche mit einer niedrigen Schlüsselqualifikationsausprägung.

Merkmal 2: Benötigte Zeit für die mentale Repräsentation der zur Verfügung stehenden Operatoren innerhalb des Problemraumes

Für die Durchführung der Planungsaufgabe stehen den Probanden verschiedene Hilfsmittel zur Verfügung. Ein Maß für die Ausprägung der Schlüsselqualifikation ist die Zeit für das Erkennen und Verstehen der für die Durchführung der Planungsaufgabe bestehenden Möglichkeiten, die die Simulationsanordnung bietet.

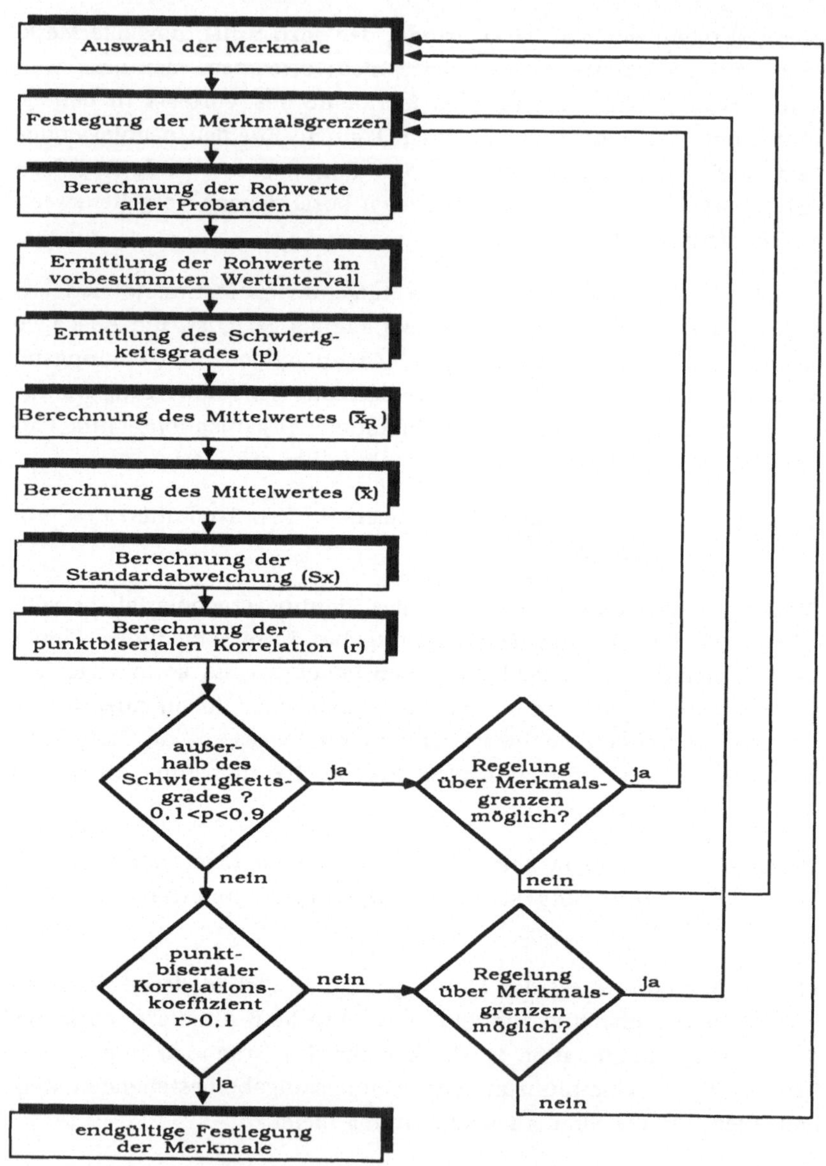

Abbildung 7.3: Programmablaufplan zur Auswahl und Festlegung der Merkmale des Simulationsmodells (in Anlehnung an Heeg 1988, S. 61)

Merkmal 3: Gesamtzeit für die Erledigung der Planungsaufgabe

Bei dieser Zeit handelt es sich um die Echtzeit bzw. Planungszeit, d.h. um die Zeit, die für die Erfüllung der Planungsaufgabe insgesamt benötigt wird. Es wird davon ausgegangen, daß eine kurze Planungszeit ein Indiz für eine hohe Ausprägung der Schlüsselqualifikation ist und umgekehrt.

Merkmal 4: Verplante Zeit für die geplante Strecke

Dieses Merkmal unterscheidet sich von Merkmal 3 dadurch, daß es sich hier nicht um eine Echtzeit handelt, sondern um die Planzeit, d.h. die Zeit, die ein LKW-Fahrer für das Abfahren der geplanten Strecke unter den angenommenen Randbedingungen benötigen würde. Da die verplante Zeit wesentlich von der Anzahl der bei der Planung berücksichtigten Kunden abhängig ist, ist es erforderlich, diese Zeit auf die Anzahl der belieferten Kunden zu beziehen. Eine hohe Schlüsselqualifikationsausprägung liegt vor bei geringer verplanter Zeit und gleichzeitiger Berücksichtigung aller Kunden. Sie ist geringer ausgeprägt, wenn sich die verplante Zeit verlängert (d.h., bei Wahl einer ungünstigen Route) und/oder wenn einige Kunden nicht in die Planung einbezogen werden.

Merkmal 5: Berücksichtigung des Planungskriteriums "Wegoptimierung"

Dieses Merkmal überprüft, ob bei der Tourenplanung vorwiegend die optisch kürzeste Verbindungsstrecke gewählt wird oder ob zusätzlich berücksichtigt wird, daß auf breiten Straßen eine höhere Durchschnittsgeschwindigkeit realisiert werden kann.

Eine hohe Merkmalsausprägung liegt dann vor, wenn möglichst kurze Verbindungsstrecken zwischen den Kunden gewählt werden.

Merkmal 6: Berücksichtigung des Planungskriteriums "Zeitoptimierung"

Zur Reduzierung der Fahrzeiten kann es u.U. sinnvoll sein, die Fahrroute über Straßen zu führen, die zwar nicht die kürzeste Strecke darstellen, dafür aber eine höhere Geschwindigkeit erlauben. Dies kann z.B. dann gerechtfertigt sein, wenn auf Grund der spätesten

Liefertermine eine pünktliche Belieferung nur durch diese Maßnahme erreicht werden kann.

In der vorliegenden Simulation wird dieses Merkmal dadurch quantifiziert, daß der Quotient aus benutzten schmalen Straßen bzw. breiten Straßen (letztere erlauben eine höhere Durchschnittsgeschwindigkeit) gebildet wird. Je kleiner der sich so ergebende Zahlenwert ist, umso stärker wurde vom Planer das Kriterium "Zeitoptimierung" berücksichtigt.

Merkmal 7: Wurden alle Kunden termingerecht beliefert?

Wesentlichstes Ziel einer Tourenplanung ist, daß alle Kunden berücksichtigt werden, weshalb diesem Merkmal besonderes Gewicht verliehen wird (siehe unter Merkmal 8).

Merkmal 8: Anzahl der bei der Planung berücksichtigten Kunden

Wie bereits unter Merkmal 7 ausgeführt, ist die Berücksichtigung aller Kunden oberstes Planungsziel. Daher wird die Intervallgrenze für die Erfüllung bzw. Nichterfüllung dieses Merkmals relativ hoch angesetzt. Bezüglich des hier betrachteten Merkmals gilt die Aufgabe als nicht erfüllt, wenn weniger als sieben Kunden termingerecht beliefert werden (0 Punkte), sie gilt als erfüllt, wenn sieben bzw. acht Kunden berücksichtigt werden. Damit erhält das Kriterium "Anzahl der belieferten Kunden" ein besonderes Gewicht, da bei Belieferung aller Kunden sowohl das Merkmal 7, als auch das Merkmal 8 positiv bewertet wird. Diese Vorgehensweise wird gewählt, um eine - rechentechnisch aufwendigere - Gewichtung über spezielle Gewichtungsfaktoren zu vermeiden. Dadurch wird ermöglicht, den Grad der Erfüllung der Aufgabe differenzierter darzustellen. Konkret stellt sich dies folgendermaßen dar:

Die Belieferung von null bis sechs Kunden führt sowohl in Merkmal 7 als auch in Merkmal 8 zu null Punkten (Summe 0), die Berücksichtigung von sieben Kunden führt bei Merkmal 7 zu null Punkten, bei Merkmal 8 zu einem Punkt (Summe 1) und die Berücksichtigung von acht Kunden führt sowohl bei Merkmal 7 als auch bei Merkmal 8 zu einem Punkt (Summe 2).

Merkmal 9: Einhaltung der spätesten Liefertermine

Auch dieses Merkmal stellt ein wesentliches Ziel einer Tourenplanung dar, weshalb es in Analogie zu Merkmal 8 gewichtet wird. Dieses Merkmal wird nur dann positiv bewertet (ein Punkt), wenn alle Liefertermine berücksichtigt werden.

Merkmal 10: Summe der Verspätungszeiten bei allen Kunden

Die Summe der Verspätungszeiten alleine ist wenig aussagekräftig, weshalb diese Größe zusätzlich noch mit der Anzahl der verspätet belieferten Kunden multipliziert und durch die Anzahl der insgesamt belieferten Kunden dividiert wird. Dies führt dazu, daß diejenigen Planer, die alle Kunden in der vorgegebenen Zeit beliefern - in Analogie zu Merkmal 8 - auch hier eine entsprechende Merkmalsausprägung erreichen.

Merkmal 11: Anzahl der Planungsungenauigkeiten

Im Rahmen der Durchführung der Planungsaufgabe besteht die Möglichkeit, Planungsfehler zu korrigieren. Dieses Merkmal gibt Aufschluß darüber, ob von dieser Möglichkeit Gebrauch gemacht wird oder ob bzw. wie häufig nicht korrigierte Planungsfehler vorkommen.

Bei den oben angeführten Merkmalen ergeben sich Schwierigkeitsgrade im Bereich von 0,22 bis 0,74 bei einem Mittelwert von 0,51. Die mittlere Trennschärfe liegt bei 0,55 mit einem Streubereich von 0,39 bis 0,67. Die geforderten Randbedingungen sind somit gut erfüllt.

Für eine weiterführende Untersuchung der Testergebnisse werden die Versuchspersonen in drei Gruppen eingeteilt.

Bei Versuchsgruppe 1 handelt es sich um die Personen, die ausschließlich die Simulationsaufgabe erfüllen, also nicht mit zusätzlichen Stressoren beaufschlagt werden.

Bei den übrigen Versuchspersonen handelt es sich um diejenigen, die neben der Simulationsaufgabe noch zusätzlichen Stressoren ausgesetzt sind. Eine weitere Aufteilung dieser Personen erfolgt nach der erwarteten Wirkung der jeweils wirksamen Stressoren.

In der Versuchsgruppe 2 werden diejenigen Personen zusammengefaßt, die den Stressoren Zugluft, Kontrolle und Ablenkung ausgesetzt sind.

In der Versuchsgruppe 3 befinden sich Versuchspersonen, die mit den Stressoren Lärm und erhöhte Temperatur beaufschlagt werden. Von diesen wird erwartet, daß sie eine deutlichere Wirkung auf die Ausprägung der Schlüsselqualifikationen ausüben als die bei der Versuchsgruppe 2 wirksamen Stressoren.

Zur Bestätigung dieser Vermutung wird der Schwierigkeitsgrad p bezüglich der verschiedenen Merkmale sowie eine Trennschärfeanalyse durchgeführt. Die Ergebnisse der drei Versuchsgruppen sind in Tabelle 7.1 dargestellt.

Wie dieser Tabelle zu entnehmen ist, kann die oben angeführte Vermutung im wesentlichen bestätigt werden.

Es ergeben sich z.T. erhebliche Unterschiede bezüglich des Schwierigkeitsgrades zwischen Versuchsgruppe 1 und den beiden anderen Versuchsgruppen.

Bei den beiden Versuchsgruppen 2 und 3 erhöht sich der Schwierigkeitsgrad bei neun von elf Merkmalen, im Vergleich zur Versuchsgruppe 1 (ohne Stressor).

Besonders deutlich tritt die Veränderung des Schwierigkeitsgrades bezüglich des Merkmals 5 (Berücksichtigung des Planungskriteriums "Wegoptimierung") hervor. Hier ergibt sich eine Erhöhung des Schwierigkeitsgrades von Versuchsgruppe 1 (ohne Stressoren) zu Versuchsgruppe 2 (Zugluft, Kontrolle, Ablenkung) von 20,9% und bezüglich der Versuchsgruppe 3 (Lärm, Temperatur) von sogar 32,8%. Die prozentuale Veränderung der Schwierigkeitsgrade bezüglich aller Merkmale ist der Tabelle 7.2 zu entnehmen.

Merkmal		Versuchsgruppe/Stressoren					
		1 / ohne		2 / Zugluft, Kontrolle, Ablenkung		3 / Lärm, Temperatur	
Nr.	Bezeichnung	Schwierigkeitsgrad	Trennschärfekoeffizient	Schwierigkeitsgrad	Trennschärfekoeffizient	Schwierigkeitsgrad	Trennschärfekoeffizient
1	Zeit für die mentale Repräsentation des Problemraumes	0,60	0,48	0,54	0,34	0,45	0,50
2	Zeit f. d. mentale Repräsentation d. zur Verfügung stehenden Operatoren	0,64	0,55	0,62	0,50	0,45	0,55
3	Gesamtzeit für die Erledigung der Planungsaufgabe	0,50	0,30	0,42	0,23	0,50	0,49
4	Verplante Zeit für die geplante Strecke	0,63	0,60	0,51	0,74	0,35	0,58
5	Berücksichtigung des Planungskriteriums "Wegoptimierung"	0,67	0,50	0,54	0,40	0,45	0,48
6	Berücksichtigung des Planungskriteriums "Zeitoptimierung"	0,55	0,38	0,48	0,44	0,50	0,37
7	Wurden alle Kunden beliefert?	0,22	0,61	0,25	0,59	0,21	0,71
8	Anzahl der bei der Planung berücksichtigten Kunden	0,82	0,58	0,65	0,81	0,68	0,61
9	Einhaltung der spätesten Liefertermine	0,25	0,59	0,31	0,66	0,27	0,64
10	Summe der Verspätungen	0,57	0,72	0,54	0,70	0,43	0,58
11	Anzahl der Planungsungenauigkeiten	0,73	0,42	0,68	0,41	0,54	0,69

Tabelle 7.1: Übersicht über die Ergebnisse der Analyse von Schwierigkeitsgrad und Trennschärfekoeffizient in Abhängigkeit von unterschiedlichen Stressorwirkungen

Merkmal	$\Delta P_{1,2}$ [%]	$\Delta P_{1,3}$ [%]
1	10,0	25,0
2	3,1	29,7
3	16,0	0,0
4	19,0	44,4
5	20,9	32,8
6	12,7	9,1
7	-13,6	4,5
8	20,7	17,1
9	-24,0	-8,0
10	5,3	24,6
11	6,8	26,0

Tabelle 7.2: Prozentuale Veränderung der Schwierigkeitsgrade bezogen auf die Versuchsgruppe ohne Stressoren

Zur Verdeutlichung der Vorgehensweise bei der Beurteilung der Schlüsselqualifikation "Organisations- und Planungsfähigkeit" werden nachfolgend die Planungsergebnisse zweier Probanden diskutiert.

Abbildung 7.4 zeigt das Planungsergebnis eines Probanden mit einer geringen Ausprägung der entsprechenden Schlüsselqualifikation (SQ).

0 0 0 Startzeit
0 4 9 Endzeit

wirksame Stressoren
keine

Bezeichnung der Kunden	Reihenfolge der Belieferung	verplante Zeit ab Start (min)	max. verplanbare Zeit ab Start (min)
P	5	444	1000
M	1	18	1000
X	0	0	360
D	2	70	120
H	4	211	215
R	3	145	215
K	99	289	270
T	99	394	360

Summe der verplanten Zeit : 479.50 Minuten

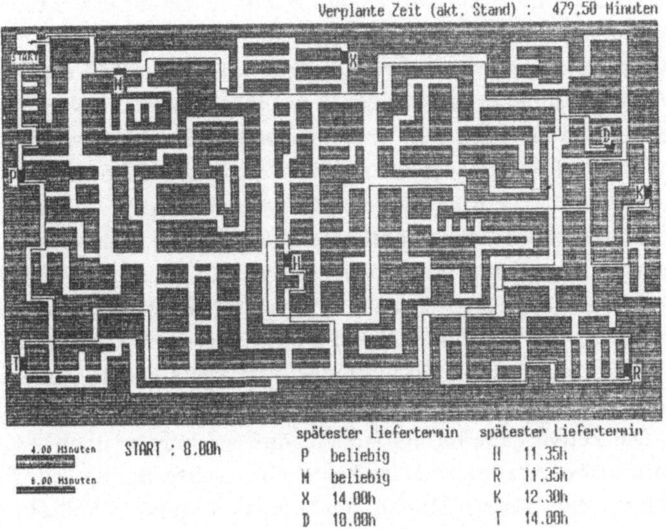

Abbildung 7.4: Planungsergebnis eines Probanden mit geringer Ausprägung der SQ "Organisations-und Planungsfähigkeit"

Für die Erfassung der Planungsaufgabe (Merkmal 1) benötigt dieser Proband 40 Sekunden und liegt damit innerhalb der Intervallgrenze. Bezüglich dieses Merkmals erhält er daher einen Punkt. Auch bezüglich des Merkmals 2 liegt er innerhalb des vorgegebenen Intervalls, was ebenfalls mit einem Punkt honoriert wird. (Diese beiden Informationen werden zwar vom Rechner erfaßt, sind jedoch der Abbildung 7.4 nicht zu entnehmen). Die Gesamtzeit für die Erledigung der

Planungsaufgabe beträgt im vorliegenden Fall vier Minuten und zehn Sekunden und liegt damit ebenfalls innerhalb der Intervallgrenze. Der Tabelle im oberen Teil der Abbildung 7.4 ist zu entnehmen, daß bei Kunde X keine (Kennzeichnung durch "0") und bei den Kunden K und T eine verspätete Belieferung erfolgt (Kennzeichnung durch "99"). Dies führt zu entsprechenden Punktverlusten bezüglich der Merkmale 7, 8 und 9. Der Abbildung ist weiterhin zu entnehmen, daß die verplante Zeit 479,5 Minuten beträgt. Diese wird noch auf die Anzahl der insgesamt belieferten Kunden bezogen, wodurch sich ein Testwert von 68,50 ergibt, der außerhalb des vorgegebenen Intervalles liegt (kein Punkt bezüglich Merkmal 4). Die gewählte Fahrstrecke ist durch eine Linie im Stadtplan gekennzeichnet. Es ist ersichtlich, daß der Proband z.B. nach der Belieferung des Kunden D nicht die kürzeste Wegstrecke zum nächsten Kunden wählt, sondern sich für die parallel verlaufende breite Straße entscheidet, was im vorliegenden Fall jedoch keinen zeitlichen Vorteil bringt. Dies führt insgesamt zu einer verplanten Strecke, die außerhalb des vorgegebenen Intervalls liegt, weshalb für Merkmal 5 kein Punkt erzielt wird. Auf dem Weg zum Kunden H steht offensichtlich das Kriterium "Zeitoptimierung" im Vordergrund, denn hier wird ein Umweg in Kauf genommen, um einen zeitlichen Vorteil zu erreichen, was insgesamt auch dazu führt, daß bezüglich des Merkmals 6 ein Punkt erzielt werden kann. Der Tabelle im oberen Teil der Abbildung 7.4 ist weiterhin zu entnehmen, daß die Kunden K und T nach 289 bzw. 394 Minuten angefahren werden. Die Zeitvorgabe besagt jedoch, daß sie bereits nach 270 bzw. 360 Minuten beliefert werden sollen (siehe rechte Spalte der Tabelle in Abbildung 7.4). Es ergibt sich somit im vorliegenden Fall ein Summenwert für die Verspätungszeiten von 53 Minuten, wodurch der Proband außerhalb des vorgegebenen Intervalls liegt. Bei den Kunden H und T sowie nach dem Kunden R sind Planungsungenauigkeiten erkennbar, die unnötig hohe verplante Zeiten verursachen. Bezüglich dieses Merkmals liegt der Proband außerhalb der Intervallgrenze und erhält ebenfalls keinen Punkt. Durch Addition der einzelnen Punkte ergibt sich ein Testrohwert von 4 Punkten. Der Proband liegt infolgedessen im unteren Drittel aller Probanden.

Die Abbildung 7.5 zeigt ein Positivbeispiel eines Planungsergebnisses.

0 0 0 Startzeit
0 4 42 Endzeit

wirksame Stressoren
keine

Bezeichnung der Kunden	Reihenfolge der Belieferung	verplante Zeit ab Start (min)	max. verplanbare Zeit ab Start (min
P	7	351	1000
M	8	371	1000
X	5	244	360
D	1	68	120
H	4	208	215
R	3	142	215
K	2	96	270
T	6	307	360

Summe der verplanten Zeit : 390.00 Minuten

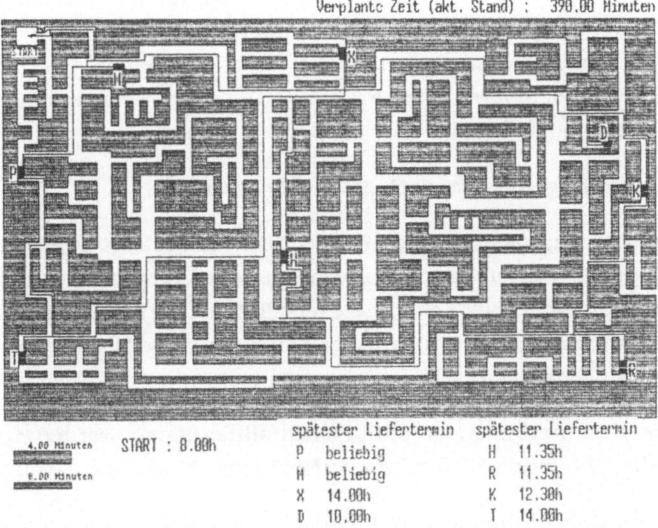

Abbildung 7.5: Planungsergebnis eines Probanden mit hoher Ausprägung der SQ "Organisations- und Planungsfähigkeit"

In diesem Beispiel liegt der Proband bezüglich des Merkmals 1 außerhalb und bezüglich des Merkmals 2 deutlich innerhalb der vorgegebenen Intervallgrenze. Die für die Erledigung der Planungsaufgabe benötigte Zeit von vier Minuten und dreiundvierzig Sekunden liegt ebenfalls im vorgegebenen Intervall. Der Tabelle im oberen Abbildungsteil (Abbildung 7.5) kann weiterhin entnommen werden, daß alle Kunden unter Einhaltung der spätesten Liefertermine berücksichtigt werden und insgesamt die verplante Zeit mit 390 Minuten recht kurz ist. Das Planungskriterium "Wegoptimierung" steht bei dieser Planung im Vordergrund, was man beispielsweise daran erkennen kann, daß zwischen dem Kunden H bzw. dem Kunden X der kürzeste Weg gewählt wird. Ein weiteres Indiz hierfür ist auch, daß der Proband sozusagen "Ideallinie" fährt. Planungsungenauigkeiten sind nur in geringer Zahl und Ausprägung erkennbar, so daß auch bezüglich dieses Merkmals ein positives Ergebnis erzielt wird. Insgesamt ergibt sich bei diesem Probanden ein überdurchschnittlich hoher Testrohwert von 10 Punkten.

Nach der Durchführung dieser Untersuchung für alle Merkmale kann die Beziehung von den Modellmerkmalen über die Faktoren zu den Schlüsselqualifikationen hergestellt werden. Somit ist eine Eingruppierung des jeweiligen Probanden in den Gesamtrahmen der Testgruppe möglich.

7.2 Auswertung des Simulationsteils "Fahren"

Die Auswertung des Simulationsteils "Fahren" erfolgt analog zum Simulationsteil "Planen" durch Anwendung der Trennschärfe- und Varianzanalyse. Da es jedoch in diesem Teil der Simulation gilt, fünf Schlüsselqualifikationen zu überprüfen, wird jeweils ein eigenständiger Test aufgebaut.

Für die Beschreibung der Schlüsselqualifikationen werden zunächst die in der Abbildung 6.13 b/c/d aufgeführten Merkmale herangezogen.

Nach der Durchführung von Trennschärfeanalysen erweisen sich jedoch einige Merkmale nicht oder nur in geringem Maße geeignet, die entsprechenden Schlüsselqualifikationen zu beschreiben. Sie werden daher eliminiert.

Nachfolgend werden die Ergebnisse der Auswertung, gegliedert nach den verschiedenen Schlüsselqualifikationen, dargestellt.

7.2.1 Schlüsselqualifikation "Merkfähigkeit"

Für die Überprüfung der Schlüsselqualifikation "Merkfähigkeit" sind im Simulationsmodell die in der Abbildung 6.13b dargestellten Merkmale implementiert, von denen sich jedoch nach Durchführung des Vortests nur die in der Tabelle 7.3 aufgeführten Merkmale als geeignet erweisen, die Schlüsselqualifikation zu beschreiben.

So wird u.a. das Merkmal "Anzahl der in falscher Reihenfolge angefahrenen Kunden" eliminiert, da nur bei sieben Prozent der Probanden die richtige Reihenfolge der Kundenbeliefertung nicht eingehalten wird. Wie die Tabelle 7.3 zeigt, werden die verbleibenden fünf Merkmale dagegen von 32 bis 84 Prozent der Probanden erfüllt.

Merkmale	Schwierigkeitsgrad p	Trennschärfekoeffizient $r_{p_{bis}}$
Länge der zurückgelegten Strecke	0,32	0,41
Häufigkeit des Hilfesystemaufrufs	0,84	0,35
Häufigkeit des Kartenaufrufs	0,58	0,62
Zeit zwischen den Kartenaufrufen	0,45	0,50
Aufruf des Stadtplans ohne vorhergehendes Anhalten	0,69	0,60

Tabelle 7.3: Merkmale der Schlüsselqualifikation "Merkfähigkeit" mit dem jeweiligen Schwierigkeitsgrad und Trennschärfekoeffizienten

Mit 84 Prozent liegt der Schwierigkeitsgrad des Merkmals "Häufigkeit des Hilfesystemaufrufs" an der oberen Grenze der Zulässigkeit. Dies ist darin begründet, daß die Erfüllung des Merkmals nur dann gegeben ist, wenn kein Hilfesystemaufruf in einem bestimmten Zeitintervall erfolgt. Der hohe Erfüllungsgrad läßt also darauf schließen, daß die vorangegangenen Erläuterungen zur Simulationsdurchführung eindeutig und gut verständlich sind, so daß das angebotene Hilfesystem i.d.R. nicht genutzt wird.

Der über die fünf Merkmale gemittelte Trennschärfekoeffizient von 0,496 läßt erkennen, daß diese gut zur Beschreibung der entsprechenden Schlüsselqualifikation geeignet sind.

Im Anschluß an den Vortest wird eine Varianzanalyse der Testrohwerte durchgeführt. Zuvor werden die beiden Voraussetzungen für die Durchführung einer derartigen Analyse - Normalverteilung der Testwerte und Varianzhomogenität - überprüft. Ziel dieser Analyse ist es, die in der Abbildung 7.6 dargestellten mittleren Testrohwerte der verschiedenen Probandengruppen (mit jeweils unterschiedlichen Stressoren) auf Signifikanz zu überprüfen. Ein signifikanter Unterschied der Mittelwerte (α=0,05) ergibt sich bezüglich der mit Lärm beaufschlagten Probandengruppe im Vergleich zur Gruppe ohne zusätzliche Stressoren.

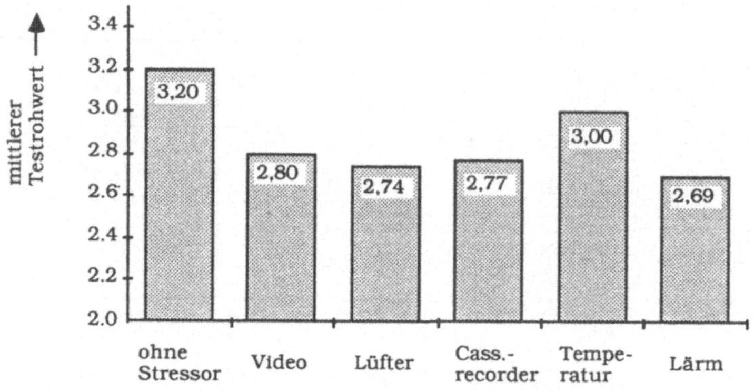

Abbildung 7.6: Ausprägung der mittleren Testrohwerte in Abhängigkeit von den jeweils wirksamen Stressoren

Auch die übrigen Mittelwerte der Testrohwerte liegen - mit Ausnahme des Stressors "Temperatur" - zwischen 12,5 und 14,4 Prozent unter dem der Vergleichsgruppe. Das bedeutet, daß offensichtlich die Ausprägung der Schlüsselqualifikation "Merkfähigkeit" durch die untersuchten Stressoren beeinflußbar ist.

7.2.2. Schlüsselqualifikation "Konzentrationsfähigkeit"

Für die Ermittlung der Schlüsselqualifikationsausprägung erscheint nur das Merkmal "Mittlere Dauer bis zur Bestätigung einer optischen Information" im Rahmen der hier vorliegenden Simulation geeignet zu sein , weshalb die in Abbildung 6.13 b aufgeführten übrigen Merkmale eliminiert werden. Die Durchführung eines Testes mit der zugehörigen Trennschärfeanalyse erübrigt sich dadurch. Deshalb werden die ermittelten Meßwerte des Merkmals unmittelbar varianzanalytisch ausgewertet. Signifikante Unterschiede (α=0,05) der innerhalb einer Probandengruppe gemittelten Meßwerte (mittlere Dauer bis zur Bestätigung einer optischen Information) können jedoch nicht festgestellt werden.

Die über alle Probanden gemittelte Zeit für die Bestätigung des Symbols liegt mit 76 Sekunden unerwartet hoch.

Da die Ergebnisse auch tendentiell nur in geringem Maße mit denjenigen der übrigen Schlüsselqualifikationen übereinstimmen, soll hier nicht weiter auf diese Schlüsselqualifikation eingegangen werden. Der Versuch einer weiterführenden Interpretation wird in Kapitel 8 vorgenommen.

7.2.3 Schlüsselqualifikation "Motorische Koordinationsfähigkeit"

Zur Beschreibung der Schlüsselqualifikation "Motorische Koordinationsfähigkeit" eignen sich alle in der Abbildung 6.13 c bereits dargestellten Merkmale. Wie der Tabelle 7.4 zu entnehmen ist, liegen die Schwierigkeitsgrade zwischen 0,33 und 0,77 sowie die Trennschärfekoeffizienten zwischen 0,21 und 0,59 und damit innerhalb der vorgeschriebenen Grenzen.

Merkmale	Schwierigkeitsgrad p	Trennschärfekoeffizient $r_{p_{bis}}$
Fehlleistung "Verlassen der Fahrbahn"	0,38	0,59
Fehlleistung "Kollision mit Fremdfahrzeugen"	0,65	0,39
Fehlleistung "Nichtbeachtung roter Ampeln"	0,73	0,44
Fehlleistung "Nichtbeachtung gelber Ampeln"	0,77	0,23
Höhe der mittleren Geschwindigkeit	0,33	0,44
Häufigkeit des Anhaltens	0,48	0,56
Dauer des Anhaltens	0,46	0,21

Tabelle 7.4: Merkmale der Schlüsselqualifikation "Motorische Koordinationsfähigkeit" mit jeweiligem Schwierigkeitsgrad und Trennschärfekoeffizient

Durch Anwendung der gleichen Auswerteverfahren wie bei der Schlüsselqualifikation "Merkfähigkeit" kann nachgewiesen werden, daß die Ergebnisse aller mit Stressoren beaufschlagten Probanden signifikant von den nicht mit Stressoren beaufschlagten Probanden abweichen. Abbildung 7.7 zeigt die Ausprägung der mittleren Testrohwerte in Abhängigkeit von den jeweils wirksamen Stressoren.

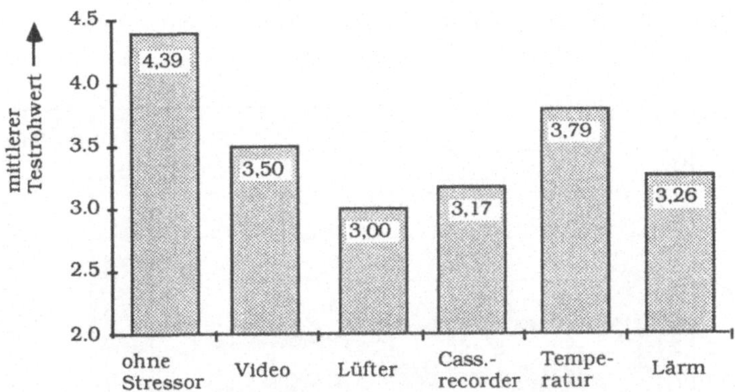

Abbildung 7.7: Ausprägung der mittleren Testrohwerte in Abhängigkeit von den jeweils wirksamen Stressoren

7.2.4 Schlüsselqualifikation "Reaktionsverhalten"

Nach der Durchführung des Vortests mit den in der Abbildung 6.13c dargestellten Merkmalen zur Beschreibung der Schlüsselqualifikation "Reaktionsverhalten" erschien es sinnvoll, diese Merkmale weiter zu untergliedern. Abbildung 7.8 zeigt die sich so ergebenden sechs Merkmale. Der mittlere Schwierigkeitsgrad liegt mit 0,61 - im Vergleich zu den mittleren Schwierigkeitsgraden der die übrigen Schlüsselqualifikationen beschreibenden Merkmale - relativ hoch. Dies ist darauf zurückzuführen, daß bei zwei von sechs Merkmalen aufgrund der vorgegebenen Aufgabe die Intervallgrenzen bereits festliegen. So kann beispielsweise vor einem stehenden Hindernis nur dann ein Punkt erzielt werden, wenn diese Situation nicht zu einem Unfall führt .

Der Abbildung 7.8 ist zu entnehmen, daß die Trennschärfekoeffizienten mit Werten zwischen 0,41 und 0,66 bei einem Mittelwert von 0,53 insgesamt die gewünschte gute Trennschärfe der Merkmale charakterisieren.

Bei der Ermittlung der mittleren Testrohwerte für die unterschiedlichen Versuchsgruppen ergeben sich jedoch mit 3,68 (Versuchsgruppe ohne Stressoren), 3,71 (Versuchsgruppe mit jeweils einem Stressor) und 3,69 (Versuchsgruppe mit überlagerten Stressoren) nahezu identische Werte, so daß sich die Durchführung einer Varianzanalyse erübrigt.

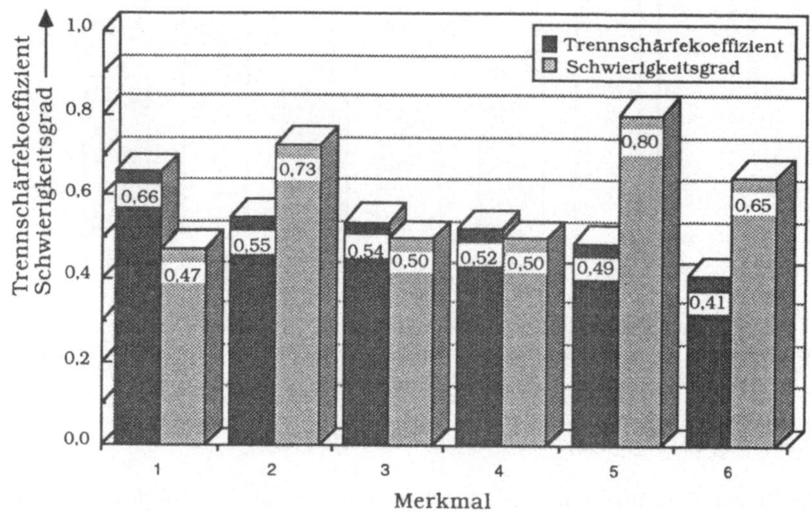

Legende:

1	-	Reaktionszeit vor Hindernis 1
3	-	Fehlleistung bei Hindernis 1
2	-	Reaktionszeit vor Hindernis 2
4	-	Fahrzeug-Geschwindigkeit zum Zeitpunkt der Fehlleistung 1 (Unfall mit Fremd-fahrzeug)
5	-	Fehlleistung bei Hindernis 2
6	-	Fahrzeug-Geschwindigkeit zum Zeitpunkt der Fehlleistung 2 (Rote Ampel)

Abbildung 7.8: Schwierigkeitsgrade und Trennschärfekoeffizienten für die Merkmale bezüglich der SQ "Reaktionsverhalten"

7.2.5 Schlüsselqualifikation "Flexibilität"

Bezüglich der Schlüsselqualifikation "Flexibilität" können keine signifikanten Ergebnisse ermittelt werden, obwohl die berechneten Schwierigkeitsgrade bzw. Korrelationskoeffizienten diese erwarten lassen (vergleiche Tabelle 7.5).

Merkmal		Versuchsgruppe					
		ohne Stressoren		mit einem wirksamen Stressor		mit überlagerten Stressoren	
Nr.	Bezeichnung	Schwierigkeitsgrad	Trennschärfekoeffizient	Schwierigkeitsgrad	Trennschärfekoeffizient	Schwierigkeitsgrad	Trennschärfekoeffizient
1	Dauer bis zur Umsetzung einer Ausweichentscheidung bei Vollsperrung	0,44	0,42	0,50	0,47	0,47	0,19
2	Art der Auswahlentscheidung	0,47	0,54	0,54	0,51	0,57	0,62
3	Dauer der Durchführung einer Auswahlentscheidung	0,34	0,73	0,45	0,67	0,57	0,48
4	Summe der Haltezeiten	0,63	0,66	0,63	0,69	0,52	0,64
5	Zeit für die Ausführung von Ausweichmanövern	0,56	0,47	0,54	0,64	0,52	0,43
6	Häufigkeit des Anhaltens in ständig wechselnden Situationen	0,59	0,46	0,29	0,19	0,26	0,12
7	Dauer des Anhaltens in ständig wechselnden Situationen	0,38	0,32	0,33	0,46	0,52	0,36

Tabelle 7.5: Schwierigkeitsgrad und Trennschärfekoeffizient der Merkmale zur Beschreibung der SQ "Flexibilität" in Abhängigkeit der wirksamen Stressoren

Der ermittelte durchschnittliche Testrohwert beträgt bei der Versuchsgruppe ohne Stressoren 3,41, bei der Gruppe mit jeweils einem wirksamen Stressor 3,29 und bei derjenigen mit überlagerten Stressoren 3,47 d.h., daß keine signifikanten Unterschiede als Folge der Wirkung unterschiedlicher Stressoren erkennbar sind.

7.3 Überprüfung der Hypothesen

Wie in Kapitel 6.2 bereits dargestellt wurde, wurden für den Versuchsplan mit Meßwiederholung bestimmte Stressorenwirkungen erwartet. Die dort formulierten Thesen können im wesentlichen bestätigt werden. In Analogie zu den Abbildungen 6.8 bis 6.11 werden in den folgenden Abbildungen die tatsächlich ermittelten Testrohwerte bezüglich des Versuchsplans mit Meßwiederholung anhand der Schlüsselqualifikationen "Merkfähigkeit", "Konzentrationsfähigkeit" und "Motorische Koordinationsfähigkeit" dargestellt. Wie bereits erläutert, erfolgt die Beschreibung der Schlüsselqualifikation "Konzentrationsfähigkeit" lediglich durch ein Merkmal. Somit ist eine Darstellung der Ergebnisse in Form von mittleren Testrohwerten nicht möglich. Aus diesem Grunde wird - um eine Vergleichbarkeit der Darstellungen zu ermöglichen - der Reaktionsgrad bestimmt. Hierzu wird der reziproke Wert der mittleren Merkmalsausprägung herangezogen und mit hundert multipliziert. (Letzteres erfolgt lediglich aus Vergleichbarkeitsgründen, um zu einer ähnlichen Dimension der Ordinatenwerte zu gelangen.)

$$\text{Reaktionsgrad } R = \frac{1}{\bar{X}_i} * 100$$

Von den zwölf in den folgenden Abbildungen 7.9 bis 7.11 dargestellten Ergebnissen unterscheiden sich sieben bezüglich des ersten bzw. zweiten Durchgangs signifikant.

Bezüglich der Schlüsselqualifikationen "Reaktionsverhalten" beziehungsweise "Flexibilität" können keine vergleichbaren Aussagen getroffen werden, da das zur Verfügung stehende verwertbare Datenmaterial hierzu nicht ausreicht. Weitere Ausführungen hierzu finden sich in Kapitel 8.

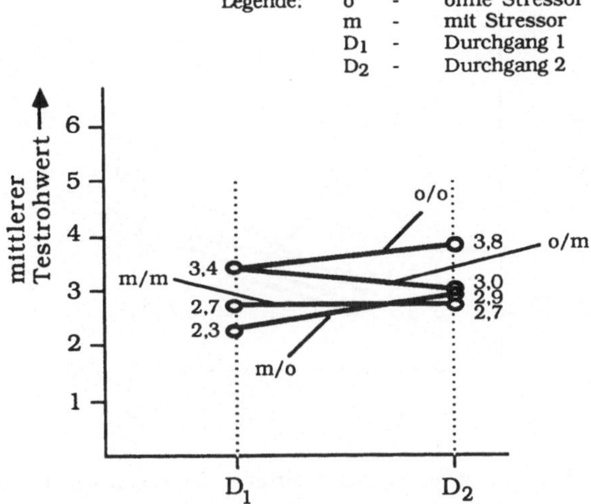

Abbildung 7.9: Darstellung der mittleren Testrohwerte für die drei Versuchsgruppen sowie die Kontrollgruppe bezüglich der SQ "Merkfähigkeit" bei Meßwiederholung

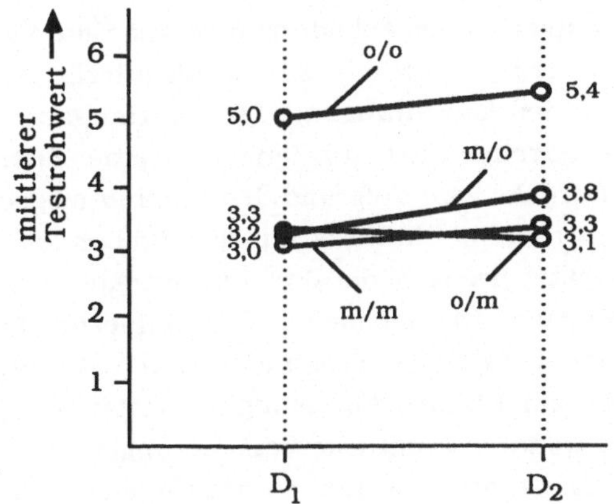

Abbildung 7.10: Darstellung der mittleren Testrohwerte für die drei Versuchsgruppen sowie die Kontrollgruppe bezüglich der SQ "Motorische Koordinationsfähigkeit" bei Meßwiederholung

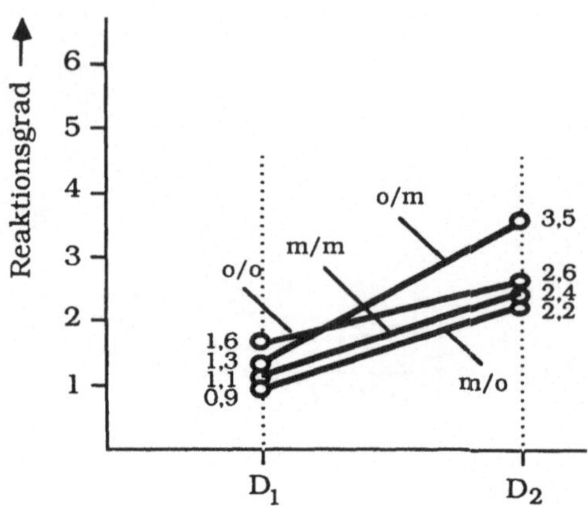

Abbildung 7.11: Darstellung der mittleren Reaktionsgrade für die drei Versuchsgruppen sowie die Kontrollgruppe bezüglich der SQ "Konzentrationsfähigkeit" bei Meßwiederholung

7.4 Physiologische Reaktionen

Dem Versuchsablaufplan in der Abbildung 6.34 auf Seite 98 kann entnommen werden, daß zusätzlich zur kontinuierlichen Pulsfrequenzmessung bei der Durchführung der Fahraufgabe drei Blutdruckmessungen durchgeführt werden. Auf eine durchgehende Erfassung des Blutdrucks wird aufgrund der dadurch möglichen, nicht eindeutig interpretierbaren, Einflüsse auf den Probanden verzichtet. Wie sich herausstellte, lieferten die drei Blutdruckmessungen keine schlüssigen Ergebnisse. Ein möglicher Grund hierfür liegt in der Tatsache begründet, daß die Probanden nach Erledigung der Simulationsaufgabe zur Blutdruckmessung die Untersuchungskabine verlassen müssen, wodurch eventuelle Veränderungen des Blutdrucks als Folge der Simulationsaufgabe abklingen können oder Verfälschungen der tatsächlich gemessenen Werte durch die vorausgegangene Bewegung zum Blutdruckmeßgerät entstehen.

Im Gegensatz dazu führt die kontinuierlich durchgeführte Pulsfrequenzmessung zu den in der Abbildung 7.12 gezeigten Ergebnissen. Hierbei sind die Unterschiede zwischen Versuchsgruppe 1 und den übrigen Versuchsgruppen signifikant. Auffällig hierbei ist, daß eine erhöhte Temperatur offensichtlich zu einer Abnahme der Pulsfrequenz führt.

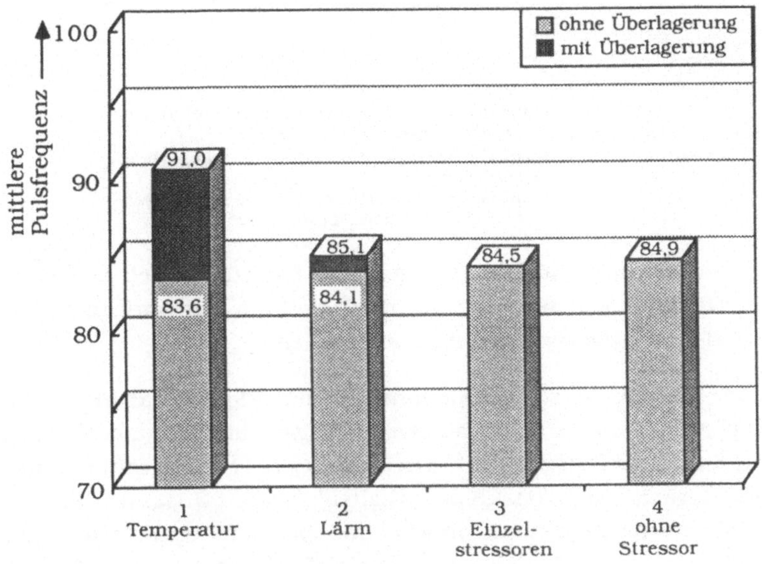

Abbildung 7.12: Mittlere Pulsfrequenzen in Abhängigkeit der wirksamen Stressoren

Die mittlere Pulsfrequenz unter der Wirkung von Temperatur ohne Überlagerung liegt mit 83,6 Pulsen pro Minute unterhalb der Pulsfrequenz ohne Einwirkung von Stressoren. Dies korrespondiert mit Befunden die ein Absinken der Pulsfrequenz bei zunehmender Temperatur als Folge eines Akklimatisierungsprozesses nachweisen (vergleiche Lind, Bass 1963, S. 704ff.).

7.5 Vergleich der mittleren Testwerte der verschiedenen Probandengruppen

Für die einzelnen Schlüsselqualifikationen werden je Probandengruppe (LKW-Fahrer, Vergleichsgruppe) unter Kontroll- und Experimentalbedingung (vergleiche Kap. 6.8.5) mittlere Testrohwerte berechnet, wobei die beiden experimentellen Bedingungen (Einzelstressoren, überlagerte Stressoren) zusammengefaßt werden. Diese Mittelwerte werden einer z-Transformation unterzogen, um eine Vergleichbarkeit der Ausprägungen herzustellen (vergleiche Bortz 1984). Die entsprechenden z-Werte berechnen sich aus der Formel:

$$z_i = \frac{x_i - \bar{x}}{s}$$

mit: z_i = transformierter Testrohwert eines Probanden
x_i = Testrowert eines Probanden
$\bar{x}$ = mittlerer Testrohwert aller Probanden (bezogen auf eine SQ)
s = empirische Standardabweichung der Testrohwerte aller Probanden (bezogen auf eine SQ)

Bei den hier verwendeten Testrohwerten handelt es sich um diejenigen, die im Zusammenhang mit der bereits in den vorigen Kapiteln beschriebenen Auswertung ermittelt wurden.

Es werden die Testrohwerte der vier Schlüsselqualifikationen "Merkfähigkeit", "Konzentrationsfähigkeit", "Organisations- und Planungsfähigkeit" und "Flexibilität" berücksichtigt. "Motorische Koordinationsfähigkeit" und "Reaktionsverhalten" werden ausgeschlossen, da sie überwiegend sensumotorische und perzeptiv-begriffliche Fertigkeiten umfassen. Für den angestrebten Rückschluß auf die Güte des Handlungsraumkonzepts, in das ausschließlich kognitive Schlüsselqualifikationen eingehen, sind "Merkfähigkeit", "Flexibilität" und "Organisations- und Planungsfähigkeit" relevant. "Konzentrationsfähigkeit" verbleibt ebenfalls in dieser Auswertung, da sie als Voraussetzung für eine qualitativ hochwertige Informationsaufnahme und -verarbeitung zu betrachten ist. Die z-transformierten Werte bezüglich der o.a. vier Schlüsselqualifikationen sind als Profil in der Abbildung 7.13 aufgetragen.

Die Schlüsselqualifikation "Flexibilität" kann für die Gruppe der LKW-Fahrer in der Kontrollbedingung nicht ermittelt werden, da keine ausreichende Datenbasis vorhanden ist.

Durch alle Gruppen läßt sich feststellen, daß die LKW-Fahrer unter Kontrollbedingung niedrigere z-Werte aufweisen als die Vergleichsgruppe. Bei "Merkfähigkeit", "Konzentrationsfähigkeit" und "Organisations- und Planungsfähigkeit" zeigen sich bei der Vergleichsgruppe sogar unter experimentellen Bedingungen bessere Werte als bei den LKW-Fahrern unter Kontrollbedingungen. Generell zeigen sich bei der Kontrollgruppe (Studenten) höhere Ausprägungen der Schlüsselqualifikationen als bei der Versuchsgruppe (LKW-Fahrer). Eine Ausnahme hiervon bildet lediglich die Schlüsselqualifikation "Flexibilität". Hier erzielen die LKW-Fahrer in der Experimentalbedingung höhere Testrohwertausprägungen als die Vergleichsgruppe in Kontroll- und Experimentalbedingung. Der Versuch einer Interpretation dieser Ergebnisse findet sich im Kapitel 8.

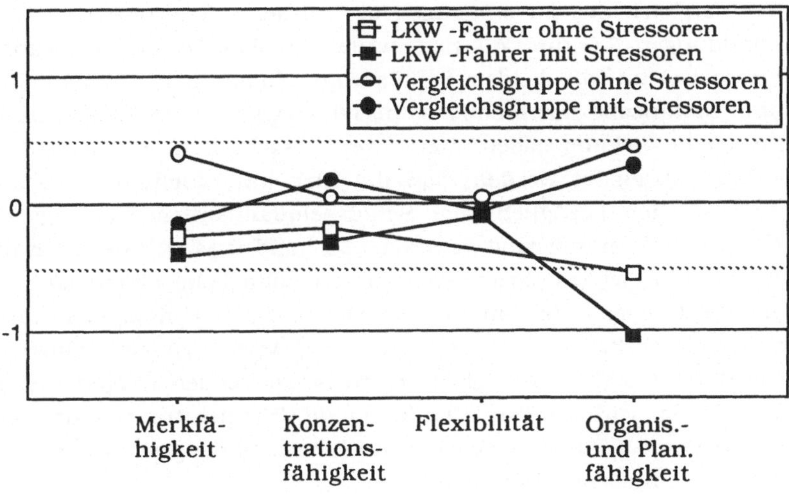

Abbildung 7.13: Darstellung der z-transformierten mittleren Testrohwerte

8. Interpretation der Ergebnisse

Der Tabelle 7.3 auf Seite 117 sowie den Abbildungen 7.6 und 7.7 (Seite 118 bzw. 121) ist zu entnehmen, daß mit der Veränderung der jeweils wirksamen Stressoren eine deutliche Zu- bzw. Abnahme des Schwierigkeitsgrades einhergeht, was sich letztendlich in der Höhe der erreichten mittleren Testrohwerte niederschlägt. Da die Simulationsgrundaufgabe in allen Fällen identisch ist und nur die unabhängigen Variablen (Stressoren) variiert werden, können diese unterschiedlichen Testergebnisse auf die Wirkung der Stressoren zurückgeführt werden.

Ein Vergleich der Ausprägungen der mittleren Testrohwerte in den Abbildungen 7.6 und 7.7 zeigt weiterhin, daß die hier relevanten Stressoren auf die beiden Schlüsselqualifikationen "Merkfähigkeit" und "Motorische Koordinationsfähigkeit" offenbar eine ähnlich beeinflussende Wirkung haben. Aus dieser Tatsache darf jedoch nicht der Schluß abgeleitet werden, daß die hier untersuchten Stressoren grundsätzlich bezüglich aller Schlüsselqualifikationen eine gleiche Ausprägungsveränderung bewirken. So handelt es sich bei Lärm und Temperatur, letztes sogar verstärkt, um alltägliche Phänomene, für die wohl jeder - in unterschiedlichem Maße - Kompensationsstrategien besitzt. Inwieweit diese wirksam werden können, hängt u.a. von der Art und Schwierigkeit der zu bearbeitenden Aufgabe ab. So zeigt in der vorliegenden Simulation die Temperaturerhöhung (wie den beiden o.a. Abbildungen zu entnehmen ist) die geringste Wirkung auf alle gemessenen Merkmale.

Eine mögliche Erklärung hierfür kann einerseits das relativ niedrige Temperaturniveau (30 Grad +/-1 Grad) und andererseits die vergleichsweise kurze Expositionszeit liefern.

Psychische Stressoren dagegen, wie sie beispielsweise in Form von Kontrolle durch die Videokamera oder Ablenkung durch den Cassettenrecorder vorliegen, scheinen kaum kompensierbar zu sein, insbesondere dann, wenn sie in hohem Maße ungewohnt für die Probanden sind.

Ein erstaunliches Ergebnis liefert der Stressor "Zugluft". Er spielt offensichtlich eine Sonderrolle. Obwohl er nicht unbedingt bewußtseinspflichtig ist, scheint er (im Falle bewußter Wahrnehmung) stark irritierend zu wirken. Ein Grund hierfür liegt möglicherweise darin, daß er häufig mit monotonen Geräuschen und taktilen Empfindungen verbunden ist. Dies könnte eine Erklärung für die ermittelten starken Leistungsminderungen sein.

Neben diesen Aussagen bezüglich der unterschiedlichen Stressorenwirkung bedarf es noch einiger Hinweise zu den in Kapitel 7.2 dargestellten Ergebnissen.

Zur Beschreibung der Schlüsselqualifikation "Konzentrationsfähigkeit" dient das Merkmal "Mittlere Dauer bis zur Bestätigung einer optischen Information". Bei dieser optischen Information handelte es sich um ein permanent (im Gegensatz zu einem Blinklicht) aufleuchtendes Symbol in der linken oberen Bildschirmecke.

Wie bereits in Kapitel 7.2.2 dargestellt, ist die mittlere Zeit bis zur Bestätigung des optischen Signals unerwartet hoch. Es wurde daher vermutet, daß den Probanden der Sinn des Symbols nicht mehr bekannt war, was bedeuten könnte, daß möglicherweise die diesbezüglichen Erklärungen nicht eindeutig sind. Sollte diese Vermutung zutreffend sein, so hätte jedoch im Verlauf eines Simulationsdurchgangs keine einzige Bestätigung des Symbols stattfinden dürfen. Eine Überprüfung dieses Sachverhalts ergab jedoch, daß nur von zwei Prozent der Probanden das Symbol völlig ignoriert wird. Mögliche Erklärungen sind somit in anderen Ursachen zu suchen.

Die Wahrnehmung einer optischen Information hängt u.a. davon ab, ob sie sich in einem günstigen Blickbereich des Probanden befindet. Es wurde daher untersucht, ob ein Zusammenhang besteht zwischen der Dauer bis zur Informationsbestätigung und einer zunehmenden Annäherung der Blickrichtung an den linken oberen Bildschirmrand. Zu diesem Zweck wurden die Meßwerte bei der Anfahrt zum Kunden 1 (Kunde 1 befindet sich im Stadtplan links oben) mit denjenigen bei der Anfahrt zum Kunden 5 (Lage rechts unten im Stadtplan) verglichen.

Es kann gezeigt werden, daß in der Nähe des ersten Kunden eine häufigere und schnellere Bestätigung des Symbols erfolgt, was die von Bursill (1958, zitiert in Smith, Ottmann 1987, S. 334) ermittelten Ergebnisse von Spurverfolgungsaufgaben mit einer Zweitaufgabe bestätigt. Bursill hatte nachgewiesen, daß insbesondere Reaktionen auf die in der Peripherie des Blickfeldes gelegenen Lichtsignale von Temperaturerhöhungen betroffen sind. Konkret bedeutet dies für die hier zu besprechende Untersuchung, daß in unmittelbarer Nähe des Symbols die mittlere Bestätigungszeit bei ca. 63 sec. liegt, mit zunehmender Entfernung auf 85 sec. ansteigt, um mit erneuter Annäherung wieder auf durchschnittlich 75 sec. abzufallen.

Beim Kunden 5 häufen sich die Fälle völliger Nichtbeachtung, mit der Folge eines deutlichen Anstiegs der mittleren Zeitdauer für die Wahrnehmung. In den Fällen, in denen tatsächlich das Symbol wahrgenommen wird, erfolgt auch in der Nähe des fünften Kunden die Bestätigung i.d.R. innerhalb von 15 Sekunden. Es ist zu vermuten, daß der Augenblick des Aufleuchtens entscheidend für die Wahrnehmung der Information ist. Wird dieser Zeitpunkt verpaßt, so weckt das Symbol keine Aufmerksamkeit mehr, so daß der Proband eine ständige Routinekontrolle durchführen muß, wenn er der Aufforderung zur Bestätigung des Signals nachkommen will. Dieses Ergebnis kann wichtige Hinweise z.B. für die Gestaltung von Warnleuchten liefern, wie in Kapitel 9 noch gezeigt wird.

Neben den oben beschriebenen Zusammenhängen ergeben sich deutliche Unterschiede der Meßwerte durch die Wirkung der verschiedenen Stressoren. So liegt die mittlere Zeit bis zur Bestätigung des Symbols ohne Stressorwirkung mit 73 Sekunden um ca. 36% höher als unter der Wirkung von Lärm bzw. Temperatur. Sind die Probanden gleichzeitig mehreren Stressoren ausgesetzt, so nimmt die "Reaktionszeit" jedoch wieder deutlich zu (im Mittel um ca. 17 Prozent).

Damit werden im wesentlichen die von Smith und Ottmann (1987, S. 308) dargestellten Ergebnisse bestätigt, die z.B. besagen, daß Lärm unter bestimmten Umständen zu einer Leistungserhöhung durch verstärkte Konzentration auf die Arbeitsaufgabe führen kann.

Aufgrund des hier gewählten Simulationsaufbaus ist die Ermittlung der Merkmalsausprägungen bezüglich des Reaktionsverhaltens vorwiegend an konkrete Situationen gebunden (z.B. "Straßensperrung", vergleiche auch Abbildung 6.21). Dadurch ergibt sich bei dieser Schlüsselqualifikation ein geringerer Umfang des für die Auswertung nutzbaren Datenmaterials. Aus diesem Grund sind nur in begrenztem Umfang Aussagen bezüglich der Wirkung einzelner Stressoren möglich, weshalb die Daten mehrerer Versuchsgruppen in geeigneter Weise zusammengefaßt werden, um so die Stichprobenumfänge zu vergrößern. Jedoch auch durch diese - stets mit einem Informationsverlust behaftete - Maßnahme gelingt es nicht, signifikante Unterschiede bezüglich der mittleren Testrohwerte nachzuweisen.

Daraus kann gefolgert werden, daß die Simulation in der hier vorliegenden Art wenig geeignet zu sein scheint, die Schlüsselqualifikation "Reaktionsverhalten" zu überprüfen, obwohl der mittlere Schwierigkeitsgrad in einem optimalen Bereich liegt und auch der Trennschärfekoeffizient ein anderes Ergebnis erwarten läßt.

Insgesamt kann festgestellt werden, daß diejenigen Schlüsselqualifikationen, die durch eine größere Anzahl von Merkmalen beschrieben werden, letztlich auch die gesicherteren Aussagen ermöglichen. Dies kann anhand der Schlüsselqualifikation "Organisations- und Planungsfähigkeit" gezeigt werden.

Ein weiteres Kriterium für die Güte der Aussagen ist die Häufigkeit des Auftretens eines Merkmals. Das heißt, daß die Simulation so aufgebaut sein muß, daß bestimmte Merkmale in mehr oder weniger regelmäßigen Abständen auftauchen, um insgesamt zu einer größeren Anzahl von Daten zu gelangen. Dies ist insbesondere dann der Fall, wenn - wie in der vorliegenden Simulation - die Bearbeitungsgeschwindigkeit bei der Simulationsdurchführung durch die Probanden frei wählbar ist. Die Anzahl der vergleichbaren Situationen, die eine Grundlage für die statistische Auswertung ist, reduziert sich durch unterschiedliche Bearbeitungsgeschwindigkeiten seitens der Probanden so stark, daß die dann noch verbleibende Anzahl von Daten nicht ausreicht, um zu gesicherten Ergebnissen zu gelangen.

Ein Vergleich der in Kapitel 7.5 dargestellten mittleren z- transformierten Testrohwerte zwischen den verschiedenen Probandengruppen bezogen auf die überwiegend kognitiven Schlüsselqualifikationen "Merkfähigkeit", "Konzentrationsfähigkeit", "Flexibilität" und "Organisations- und Planungsfähigkeit" läßt den Schluß zu, daß im Sinne des integrierten Zusammenhangsmodells bei den LKW- Fahrern Belastungen auf der abstrakten Ebene wirksam gewesen sein können. Insgesamt bildet sich in dieser Gruppe der allgemeine Trend (Überlegenheit der Kontroll- gegenüber der Experimentalbedingung) analog zu den Werten der Vergleichsgruppe ab, weist jedoch mit Ausnahme der Schlüsselqualifikation "Flexibilität" ein geringeres Ausprägungsniveau auf. Da, wie eingangs definiert, im Fall der Simulationsaufgabe ein vorgegebener objektiver Handlungsspielraum subjektiv repräsentiert und zusammen mit erforderlichen personalen Qualifikationen ein Handlungsraumkonzept der Aufgabe generiert werden muß, können Belastungen auf dieser Ebene bei EDV-Unerfahrenen eher wirksam werden als bei EDV-Erfahrenen. Die Gruppe der LKW-Fahrer bestand fast ausschließlich aus EDV-Unerfahrenen und war im Gegensatz zur Vergleichsgruppe auch in Erfahrung mit wissenschaftlichen Untersuchungen unterlegen. Die insgesamt geringere Ausprägung der Schlüsselqualifikationen bei den LKW-Fahrern kann daher als durch ein beeinträchtigtes Handlungsraumkonzept verursachtes Phänomen betrachtet werden. Auch eine Interpretation, welche die Ursache dieses Ergebnisses in den personalen Bedingungen (z.B. ungenügendes Wissen) sieht, ließe sich in die Hypothese eines beeinträchtigten Handlungsraumkonzeptes einbauen. In diesem Fall wären nicht Belastungen, sondern ungenügende personale Bedingungen Ausgangspunkt der niedrigeren Ausprägung. Da LKW-Fahrer in ihrer Berufstätigkeit hoch geübt sind, was auch den hohen z-Wert bezüglich der Schlüsselqualifikation "Flexibilität" unter Experimentalbedingungen erklären kann, scheint die Wirksamkeit der oben genannten Belastungsgrößen (Unerfahrenheit im Umgang mit EDV und Neuheit der Versuchssituation) eher als Erklärung geeignet.

Bei weiteren Forschungsarbeiten ist zu berücksichtigen, daß diese Belastungsgrößen für Probandengruppen wie beispielsweise LKW-Fahrer so gering wie möglich gehalten werden müssen. Dazu sind eingehende Analysen des Textverständnisses und des EDV-Umgangs von Ungeübten notwendig. Das bedeutet nicht, auf die Methode der Computersimulation verzichten zu müssen. Es ist vielmehr zu fordern, daß für jeweils spezifische Probandengruppen in konkreten Anwendungsfällen differenziertere Vortests durchgeführt sowie entsprechende Normierungsverfahren angewendet werden müssen.

Ein Hauptziel der hier beschriebenen Simulation, die Erprobung eines universell anwendbaren Instrumentariums zur Beurteilung von Fahrzeugkomponenten, konnte in wesentlichen Teilen erreicht werden. Es zeigte sich jedoch auch hier, daß der Untersuchungsgegenstand insgesamt nicht zu komplex sein darf, sondern daß es sinnvoll erscheint, sich auf kleinere, besser überschaubare Teilaspekte zu beschränken. Bei einer sehr komplexen Ausgestaltung der Simulation, die über die Eignung verfügen soll, möglichst viele Schlüsselqualifikationen beschreiben zu können, ergeben sich bezüglich der zu implementierenden Merkmale häufig widersprüchliche Forderungen, die insgesamt zu Problemen bei der Auswertung führen können.

Es scheint jedoch möglich zu sein, die Simulation zur vergleichenden Beurteilung, z.B. von Fahrzeugkomponenten, erfolgreich einzusetzen.

9. Darstellung von Anwendungsfällen des Simulationsmodells

9.1 Anwendungsfall 1: Gestaltung und Anordnung von Anzeigen, Warnleuchten usw.

Mit Hilfe der Computersimulation sollen Gestaltungs- bzw. Anordnungsvarianten von Anzeigen und/oder Warnleuchten überprüft bzw. miteinander verglichen werden. Dabei steht die Frage im Vordergrund, wo diese anzuordnen sind, um einerseits im Bedarfsfall unmittelbar erkennbar zu sein, andererseits jedoch die Erfüllung der Hauptaufgabe nicht zu sehr zu behindern.

Dieser Sachverhalt soll anhand eines Beispiels kurz erläutert werden. Eine Ölkontrolleuchte erhält ihre besondere Bedeutung erst dann, wenn infolge Ölmangels die Funktionsfähigkeit des Motors gefährdet ist. In diesem Augenblick hat die Wahrnehmung der Kontrolleuchte höchste Priorität, während sie im Normalbetrieb von untergeordneter Bedeutung ist.

Eine mögliche Simulationsanordnung kann folgendermaßen aussehen: Die zu erledigende Grundaufgabe besteht - wie die hier beschriebene Simulationsgrundaufgabe - darin, ein "Fahrzeug" durch einen Stadtplan zu steuern. Bei sonst gleichen Versuchsbedingungen können nun Versuchsreihen mit Probanden durchgeführt werden, wobei bei jeder Versuchsgruppe eine unterschiedliche Gestaltung und/oder Anordnung der "Ölkontrolle" Anwendung findet. Mögliche Varianten können beispielsweise durch

- unterschiedliche Geometrie,
- unterschiedliche Anordnung,
- unterschiedliche Farbe,
- Ausgestaltung als Blinklicht,
- akustische Unterstützung

und bei einer Vergleichsgruppe durch

- ausschließlichen Einsatz eines akustischen Signals

realisiert werden.

Ein Maß für die Güte einer der obigen Varianten ist beispielsweise die Dauer bis zur Bestätigung des Signals oder aber die Häufigkeit von Fehlinterpretationen. Des weiteren ist die Qualität bezüglich der Erledigung der Grundaufgabe ein Maß dafür, wie sehr die Beachtung des Signals die Ausführung der Hauptaufgabe beeinflußt.

9.2 Anwendungsfall 2: Untersuchungen zu unterschiedlichen Fahrerleitsystemen

In der hier beschriebenen Simulation bestand seitens der Probanden die Möglichkeit, sich bei Bedarf mittels Stadtplan über die Lage der Kunden zu informieren. Diese Vorgehensweise ist zeitintensiv und schließt Fehler nicht ohne weiteres aus.

Mögliche zu untersuchende Alternativen sind beispielsweise:

1. Der "Fahrer" erhält einen Text mit einer genauen Wegbeschreibung zu den einzelnen Kunden. Diese kann u.U. durch Zusatzinformationen (z.B. über Einbahnstraßen, "Schleichwege", besondere Gegebenheiten beim Kunden usw.) ergänzt werden.
2. Der Fahrer wird durch geeignete Symbole je nach Bedarf über bevorstehende Richtungsänderungen informiert. Diese Symbole können u.U. Zusatzinformationen enthalten (z.B. bedeutet ein nach rechts zeigender Pfeil mit dem Text "3. Nizzaallee", daß er an der dritten Kreuzung nach rechts in die Nizzaallee abzubiegen hat).
3. Die Führung des Fahrers erfolgt auf einem Bildschirm, auf dem die zu wählende Strecke in einem Stadtplan entsprechend gekennzeichnet ist. Der jeweils aktuelle Standort des Fahrzeugs wird durch einen blinkenden Punkt gekennzeichnet.
4. Das Fahrerleitsystem führt den Fahrer mittels akustischer Informationen zu den jeweiligen Zielen.

Die Bewertung der verschiedenen Alternativen kann über die zu erzielende Zeitersparnis und/oder über die Anzahl der Fehlleistungen erfolgen. Neben einer "objektiven" Beurteilung der Varianten unter "idealen" Laborbedingungen bietet die Simulation jedoch auch die Möglichkeit, die Qualität der verschiedenen Varianten unter nicht idealen Bedingungen zu ermitteln. Es ist zu vermuten, daß beispielsweise das akustische Fahrerleitsystem unter der Wirkung von Motorenlärm zu deutlich schlechteren Ergebnissen führt als andere Systeme.

9.3 Anwendungsfall 3: Vergleich eines Automatikgetriebes mit einem Schaltgetriebe

Die im Rahmen der Ist-Zustands-Analyse durchgeführte Befragung der Fahrer ergab u.a., daß diese den Einsatz eines Automatikgetriebes mit großer Mehrheit ablehnen oder zumindest keine Entlastung durch deren Einsatz erwarten.

Bei einer derart stark negativen Einstellung bezüglich des Automatikgetriebes kann wohl kaum davon ausgegangen werden, daß Beurteilungen bezüglich der von den verschiedenen Varianten ausgehenden Belastungen zu brauchbaren Ergebnissen führen. Hier bietet die Computersimulation eine Möglichkeit zur Gewinnung objektiver Daten.

Ein mögliches Versuchsdesign kann so aussehen, daß bei der Simulation des Schaltgetriebes z.B. in Abhängigkeit von der momentanen Drehzahl (Anzeige auf dem Bildschirm, über ein akustisches Signal o.ä.) ein Schaltvorgang durchzuführen ist. Die bereits bestehende Simulationsanordnung verfügt über ein (bisher nicht genutztes) Kupplungspedal, welches lediglich durch einen Endschalter ergänzt werden muß. Im Hinblick auf eine größere Realitätsnähe ist weiterhin ein Schalthebel zu ergänzen.

Im Sinne der hier vorgestellten Simulation stellt das Schaltgetriebe eine unabhängige Variable (Stressor) dar, deren Wirkung in der bereits beschriebenen Form ermittelt werden kann.

10. Fallbeispiel: Beurteilung der unterschiedlichen Beanspruchung beim Fahren mit Schalt- bzw. Automatikgetriebe.

Das Fahren eines Kraftfahrzeuges stellt eine komplexe Tätigkeit für den Fahrzeugführer dar, an der viele informationsaufnehmende und -verarbeitende Prozesse des Individuums beteiligt sind. Innerhalb von Fahrer-Fahrzeug-Umwelt-Systemen muß dabei vom Fahrer eine ständige Aufrechterhaltung der Aufmerksamkeit geleistet werden, um die Informationsflut, die ihm vom Fahrzeug und aus der Umwelt entgegenströmt, adäquat zu bewältigen. Dies "stellt ihn ständig vor die Aufgabe, zur richtigen Zeit irrelevante Informationen auszuklammern und relevante auszuwählen und zu verarbeiten" (Färber 1987). Belastungen im Sinne von Regulationsbehinderungen und Regulationsüberforderungen erschweren zusätzlich diese komplexe Handlungsregulation. Hier sei nur auf Erschwerungen und Unterbrechungen durch unterschiedliche Verkehrsverhältnisse verwiesen, wie sie im innerstädtischen Bereich, in dem sich ein Großteil des Verteiler-LKW-Verkehrs abspielt, auf der Tagesordnung stehen.

Deshalb sollten alle Anstrengungen unternommen werden, um die Interaktion in diesem komplexen Mensch-Maschine-Umwelt-System möglichst optimal zu gestalten. Dies kann etwa erreicht werden durch Verbesserungen im Straßenbau bzw. der Verkehrsregelung (Zeier o.J.). Darüber hinaus bietet die Schnittstelle zwischen Mensch und Maschine bzw. Mensch und Fahrzeug vielfältige Möglichkeiten der Belastungsreduzierung durch entsprechende Gestaltungsmaßnahmen.

Anhand einer vergleichenden Untersuchung der unterschiedlichen Wirkung von Schalt- bzw. Automatikgetriebe auf den Fahrer wird die Eignung der beschriebenen Simulation demonstriert. Es soll überprüft werden, inwieweit der bei einem Schaltgetriebe erforderliche Schaltvorgang - bestehend aus Kuppeln und Schalten - einen Stressor darstellt und somit die Erfüllung der Simulationsgrundaufgabe (Steuern eines Fahrzeuges) beeinträchtigt.

Um die Belastungshaltigkeit eines technischen Fahrzeugdetails, wie es ein Schaltgetriebe darstellt, durch ein entsprechendes Wirkungsprofil auf die in der Simulation erfaßten Schlüsselqualifikationen festzustellen, muß zu Beginn eine mit diesem Detail verbundene

Handlungsanalyse auf der Ebene von Handlungselementen vorgenommen werden. Die Vorgehensweise für diese Mikroanalyse der am Schaltvorgang beteiligten Handlungselemente (Operationen) wird der Grundstruktur des Tätigkeitsanalyseinventars (TAI) von Facaoaru und Frieling (1986) entlehnt. Dort erfolgt die Analyse informatorischer Belastungen bei Arbeitshandlungen anhand der Kriterien "Informationsaufnahme, -verarbeitung und -abgabe". Ein Verfahren, das sich mit Arbeitshandlungen (Arbeitseinheiten) oder mit den sie konstituierenden Operationen beschäftigt, kann sogenanntes "covert behavior", d.h. innere kognitive Prozesse (Facaoaru und Frieling 1986) nicht abbilden. Für den Aufbau des TAI zogen die Autoren die Konsequenz, zwei Hauptteile zu konstruieren, die sich in

1. Prozesse und Operationen der Informationsaufnahme, -suche und -gewinnung und

2. Prozesse und Operationen der Informationsabgabe aufgliedern.

Vor Durchführung der Computersimulation besteht nun eine Aufgabe darin, die am Schaltvorgang beteiligten Prozesse und Operationen inhaltsanalytisch zu identifizieren und jeweils einer der beiden Hauptteile zuzuordnen. Im folgenden Schritt ist zu analysieren, inwieweit gleiche Schlüsselqualifikationen von der Simulationsgrundaufgabe und vom zusätzlichen Stressor (hier Kuppeln und Schalten) beansprucht werden.

Am Beispiel der Operation "Betätigung des Schalthebels" soll dies demonstriert werden. Die Betätigung des Schalthebels kann als Operation der Informationsabgabe (an das Fahrzeug) angesehen werden. Diese Operation erfordert Kapazitäten bezüglich der Schlüsselqualifikation "Motorische Koordinationsfähigkeit" und "Reaktionsverhalten", da zunehmende Motorgeräusche Hinweischarakter für die zu vollziehende Operation besitzen (zur näheren Definition der Schlüsselqualifikationen siehe S. 58f.).

Gemäß der von Wickens (1980) formulierten Theorie der strukturspezifischen Ressourcen können - bei gleichzeitig angenommener paralleler Verarbeitung von Informationen - "... einige Aufgaben Prozessoren (Anm. des Verfassers: Ressourcen) gemeinsam benutzen, was zu einer gegenseitigen Beeinflussung, d.h. Leistungsminderung führt, andere Aufgaben vollkommen parallel und ohne Leistungseinbuße zugleich ausgeführt werden, da sie unterschiedliche Verarbeitungsmechanismen ansprechen" (Färber 1987).

Nach einer vollständigen Analyse der mit dem Schalten verbundenen Prozesse (z.B. Wahrnehmung der Motorgeräusche, Aufmerksamkeit auf Motorgeräusche aufrechterhalten usw.) kann festgestellt werden, daß diese Nebenaufgabe vermutlich auf Kapazitäten der Schlüsselqualifikation zugreift. Verschlechterung der Leistung (niedrigere Ausprägung der Schlüsselqualifikation) in der Simulationsaufgabe kann damit auf eine Beanspruchung der spezifischen Kapazitäten (Ressourcen) in der jeweiligen Schlüsselqualifikation zurückgeführt werden. Allerdings steht nicht zu erwarten, daß sich Leistungsminderungen einheitlich für alle Schlüsselqualifikationen ergeben.

Der Schaltvorgang kann für einen geübten Fahrzeugführer einen automatisierten Prozeß darstellen. Diese Prozesse sind durch geringe Verarbeitungskapazität, schnellen Ablauf und dadurch gekennzeichnet, daß i.d.R. kein Lernaufwand (in einem Experiment) von Seiten des Probanden erforderlich ist (vergl. Färber 1987). Durch eine veränderte Anordnung der Bedienvorrichtungen können diese Bedingungen allerdings kurzzeitig nicht erfüllt sein. Bezüglich der hier beschriebenen Computersimulation hat dies folgende Konsequenzen:

Eine Simulation, in der ein komplexer automatisierter Prozeß abgebildet werden soll, erfordert einen kaum zu leistenden zeitlichen Aufwand. Andererseits bedingt ein solcher Prozeß per Definition eine vernachlässigbare Beanspruchung.

Da jedoch Berufskraftfahrer öfters mit unterschiedlichen Fahrzeugen unterwegs sind und somit einer Konfrontation mit gewöhnungsbedürftigen Schaltelementen ausgesetzt sind, bietet sich die Simulation als geeignete Methode an, denn hiermit können genau diese Belastungen realisiert werden. Zudem beziehen sich empirische Befunde zu automatisierten Prozessen auf einfachste Operationen wie z.B.

"Buchstabenerkennung" und "Farbwahrnehmung" (Färber 1987). Demgegenüber muß der Schaltvorgang als komplexes Handlungsmuster gesehen werden, das dementsprechend trotz eventueller Automatisierbarkeit als störungsanfällig und auch beanspruchend betrachtet werden kann. Die Simulationsergebnisse belegen diese Hypothese.

Der hier beschriebene konkrete Anwendungsfall macht einige geringfügige Änderungen bzw. Erweiterungen der Versuchsanordnung erforderlich. So wird das Kupplungspedal mit einem Endschalter versehen, um dem Rechner die Information über die Betätigung des Pedals mitzuteilen. Darüber hinaus muß die Betätigung des Schalthebels an den Rechner übermittelt werden. Die Aufforderung zur Durchführung des Schaltvorganges erfolgt auf akustischem Wege durch Erhöhung der Motordrehzahl. Bei dem bisher verwendeten Stressor "Lärm" handelt es sich um Motorenlärm mit weitgehend konstantem Schalldruckpegel. Die Modifikation erfolgt dergestalt, daß durch die Erhöhung der Motordrehzahl nach jeweils 15 Sekunden eine Erhöhung des Schalldruckpegels verursacht wird, die wiederum die Aufforderung zur Durchführung eines Schaltvorgangs darstellt.

Beim hier realisierten zweifaktoriellen Versuchsplan (vergleiche auch Abbildung 10.1) mit insgesamt 42 Versuchsdurchläufen erfolgt eine randomisierte Zuteilung der Probanden zu den beiden Versuchsgruppen V1 bzw. V2.

Wie der Abbildung 10.1 zu entnehmen ist, fahren die Probanden der Versuchsgruppe 1 im ersten Durchgang mit Automatik- und beim zweiten Durchgang mit Schaltgetriebe. Die Probanden der Versuchsgruppe 2 durchlaufen die Simulation in umgekehrter Reihenfolge.

Durch eine varianzanalytische Auswertung werden nicht nur Aussagen darüber ermöglicht, ob Unterschiede bezüglich der Leistungsdaten auf die Wirkung von Stressoren (hier Lärm und Schaltgetriebe) und/oder auf Lerneffekte zurückzuführen sind, sondern auch darüber, ob diese Unterschiede signifikant oder zufällig auftreten.

	Durchgang 1	Durchgang 2
Automatik-getriebe	V_1	V_2
Schalt-getriebe	V_2	V_1

Legende :

V_1 : Versuchsgruppe 1

V_2 : Versuchsgruppe 2

Abbildung 10.1: Darstellung des zweifaktoriellen Versuchsplanes

10.1 Darstellung der Ergebnisse

Um die Vergleichbarkeit der Ergebnisse des Anwendungsfalles mit denjenigen der Hauptuntersuchung zu gewährleisten (vergl. S. 101ff.), werden dieselben Auswerteverfahren mit identischen Grenzen für die Erfüllung der Testelemente, sowie dieselbe Reihenfolge der Ergebnisdarstellung gewählt.

10.1.1 Schlüsselqualifikation "Merkfähigkeit"

Die Beschreibung dieser SQ erfolgt über die bereits in Kapitel 7.2.1 auf Seite 117 dargestellten fünf Merkmale.

Für die Testrohwerteverteilung (vergl. Abbildung 10.2) ergibt sich der Schwierigkeitsgrad p über alle Probanden gemittelt zu 0,54. Er liegt somit in einem günstigen Bereich. Unter der Versuchsbedingung "Fahren mit Schaltgetriebe" liegt die Schwierigkeit der Simulationsaufgabe mit einem Schwierigkeitsgrad von p=0,53 über demjenigen der Versuchsbedingung "Fahren mit Automatikgetriebe". Letztere ergibt einen mittleren Schwierigkeitsgrad von p=0,56. (Definition des Schwierigkeitsgrades p siehe S. 102)

Der mittlere Testrohwert der Versuchsgruppe unter der Versuchsbedingung "Fahren mit Schaltgetriebe" liegt bei 2,7 Punkten, derjenige unter der Versuchsbedingung "Fahren mit Automatikgetriebe" bei 2,8 Punkten. Wie die Ergebnisse der durchgeführten Varianzanalyse mit anschließendem Duncan-Test zeigen, unterscheiden sich die unter den unterschiedlichen Versuchsbedingungen erzielten Testwerte nicht signifikant (α=0,05).

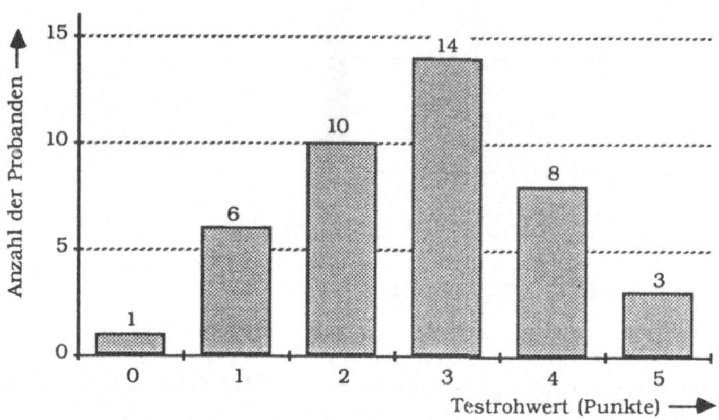

Abbildung 10.2: Verteilung der Testrohwerte aller Probanden bezüglich der Schlüsselqualifikation "Merkfähigkeit"

10.1.2 Schlüsselqualifikation "Konzentrationsfähigkeit"

Merkmal für die Beschreibung dieser SQ ist die Dauer bis zur Bestätigung eines optischen Signals (vergl. hierzu auch S. 53 bzw. 119). Durch die Beschränkung auf ein Merkmal (die in Abbildung 6.13b auf Seite 53 aufgeführten übrigen Merkmale konnten nicht operationalisiert werden, weshalb sie nicht in die Auswertung mit eingingen) wurde bezüglich der Konzentrationsfähigkeit kein eigener Test konzipiert, sondern das vorhandene Datenmaterial des o.a. Merkmals direkt varianzanalytisch ausgewertet. Die mittlere Dauer für die Bestätigung des optischen Signals unter den verschiedenen Versuchsbedingungen kann Abbildung 10.3 entnommen werden.

Bei beiden Versuchsgruppen im zweiten Simulationsdurchgang stellt sich eine Reduktion der für die Bestätigung des optischen Signals benötigten Zeit ein, was möglicherweise auf eine zunehmende Vertrautheit mit der Simulationsaufgabe zurückzuführen ist (Lerneffekt).

Darüber hinaus kann jedoch festgestellt werden, daß die Probanden unter der Versuchsbedingung "Fahren mit Automatikgetriebe" insgesamt höhere Werte erzielen als die Probanden unter der Versuchsbedingung "Fahren mit Schaltgetriebe". Unter der ersten Versuchsbedingung ergibt sich ein Mittelwert von 76 sec., während sich unter der zweiten Versuchsbedingung ein Mittelwert von 80 sec. einstellt.

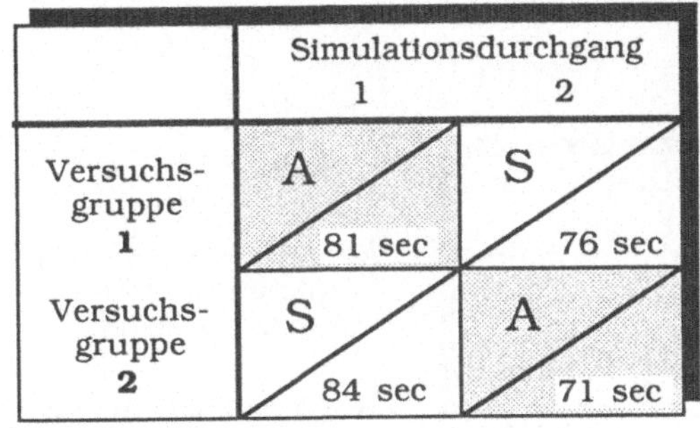

Legende :

A: Versuchsbedingung "Fahren mit Automatikgetriebe"

S: Versuchsbedingung "Fahren mit Schaltgetriebe"

Abbildung 10.3: Mittlere Dauer für die Bestätigung eines optischen Signals in Abhängigkeit von verschiedenen Versuchsbedingungen

10.1.3 Schlüsselqualifikation "Motorische Koordinationsfähigkeit"

Der mittlere Schwierigkeitsgrad liegt hinsichtlich dieser Schlüsselqualifikation unter der Versuchsbedingung "Fahren mit Schaltgetriebe" bei p=0,25. Obwohl unter der Versuchsbedingung "Fahren mit Automatikgetriebe" die Schwierigkeit abnimmt (p=0,34), ist die Testschwierigkeit insgesamt hoch. Dies kann durch die Betrachtung der in der Abbildung 10.4 aufgeführten mittleren Testrohwerte noch verdeutlicht werden.

Der Lerneffekt wird bei der Versuchsgruppe 1 - vermutlich durch die Wirkung des Stressors "Schaltgetriebe" - im zweiten Durchgang mehr als kompensiert, was sich in einer Abnahme des mittleren Testrohwertes um 10% niederschlägt. Von maximal sieben erreichbaren Punkten werden im Durchschnitt im ersten Durchgang 1,85 und im zweiten Durchgang 2,25 Punkte erreicht. Im ersten Simulationsdurchgang schneiden die Probanden unter der Versuchsbedingung "Fahren mit Automatikgetriebe" durchschnittlich mit ca. 18% höheren Testwerten ab als die entsprechende Vergleichsgruppe mit Schaltgetriebe. Es zeigt sich im zweiten Versuchsdurchgang eine noch deutlichere Überlegenheit der Versuchsbedingung "Automatikgetriebe" (Testrohwert 2,7) im Vergleich zur Versuchsbedingung "Fahren mit Schaltgetriebe" (Testrohwert 1,8).

	Simulationsdurchgang 1	Simulationsdurchgang 2
Versuchsgruppe 1	A 2,0	S 1,8
Versuchsgruppe 2	S 1,7	A 2,7

Legende :

A: Versuchsbedingung "Fahren mit Automatikgetriebe"

S: Versuchsbedingung "Fahren mit Schaltgetriebe"

Abbildung 10.4: Mittlere Testrohwerte in Abhängigkeit von verschiedenen Versuchsbedingungen

Diese Ergebnisse befinden sich in Einklang mit den eingangs erwähnten Thesen der Theorie "Strukturspezifische Ressourcen" von Wickens (1984). Demnach führen Operationen, die Prozessoren (hier SQ) gemeinsam benutzen, zu einer gegenseitigen Beeinflussung und damit zu Leistungsminderung. Das Fahren mit Schaltgetriebe kann als eine Versuchsanordnung innerhalb des "Dual task paradigm" (Zweitaufgaben-Paradigma, vergl. dazu auch Sanders 1979) angesehen werden. Dieses in der Belastungs-/Beanspruchungsforschung weit verbreitete Paradigma untersucht die Beanspruchungsintensität einer Aufgabe, deren Ausprägung über die freibleibende Kapazität für eine Nebenaufgabe (oder umgekehrt) ermittelt werden kann. Im vorliegenden Fall wird offenbar durch die Nebenaufgabe "Kuppeln und

Schalten" Kapazität für die Hauptaufgabe "Steuern eines Fahrzeugs" gebunden, womit der Lerneffekt zwischen dem ersten und zweiten Durchgang dann kaum zum tragen kommt, wenn die Versuchsbedingung "Schalten" auf die Versuchsbedingung "Automatik" folgt.

10.1.4 Schlüsselqualifikation "Reaktionsverhalten"

Der sich bezüglich dieser Schlüsselqualifikation ergebende mittlere Schwierigkeitsgrad liegt in der Versuchsbedingung "Fahren mit Automatikgetriebe" bei 0,62 und ist damit nahezu identisch mit demjenigen des auf S. 121 beschriebenen Hauptversuchs (p = 0,61). Durch den Schalt- bzw. Kuppelvorgang erhöht sich unter der zweiten Versuchsbedingung die mittlere Schwierigkeit des Tests um 5% bezogen auf den Ausgangswert. Abbildung 10.5 zeigt die erzielten mittleren Testrohwerte in Abhängigkeit von der jeweiligen Versuchsbedingung.

	Simulationsdurchgang 1	Simulationsdurchgang 2
Versuchsgruppe 1	A 3,2	S 3,4
Versuchsgruppe 2	S 3,6	A 4,2

Legende :

A: Versuchsbedingung "Fahren mit Automatikgetriebe"

S: Versuchsbedingung "Fahren mit Schaltgetriebe"

Abbildung 10.5: Mittlere Testrohwerte in Abhängigkeit von verschiedenen Versuchsbedingungen

10.1.5 Schlüsselqualifikation "Flexibilität"

Aufgrund der in der Simulation verwendeten Merkmale, insbesondere jedoch wegen des kurzen zeitlichen Abstandes zwischen dem ersten bzw. zweiten Simulationsdurchgang, konnten bezüglich dieser SQ keine eindeutigen Ergebnisse erwartet werden. Aus dem ersten Simulationsdurchgang sind die in der Simulation implementierten Behinderungen noch weitgehend bekannt und es existieren bereits Lösungsstrategien zu deren Umgehung, sodaß beim zweiten Durchgang die Schwierigkeit der Testaufgabe an der unteren Zulässigkeitsgrenze liegt. Die im ersten bzw. zweiten Durchgang erzielten mittleren Testrohwerte belegen diese Annahme. Werden im Mittel beim ersten Durchgang von sieben möglichen Punkten noch 3,3 Punkte erzielt, so verdoppelt sich die Anzahl im zweiten Durchgang nahezu mit 6,1 Punkten. Da die weiteren Ergebnisse kaum interpretierbar sind, wird auf deren Darstellung verzichtet. Eine Modifikation der Versuchsbedingungen bzw. der verwendeten Merkmale scheint hier unumgänglich zu sein, insbesondere auch deshalb, weil im Hauptversuch mit hinreichend langem zeitlichen Abstand zwischen den beiden Versuchsdurchgängen (2 Wochen) ähnliche Ergebnisse erzielt wurden.

10.1.6 Physiologische Reaktionen

Ein in Belastungs- und Beanspruchungsuntersuchungen oft erhobener physiologischer Meßwert ist die Pulsfrequenz. Üblicherweise gilt sie als Indikator für physische Beanspruchung, kann jedoch auch Hinweise auf psychische Beanspruchungen liefern. In der hier referierten Fallstudie fungiert diese Meßgröße als zusätzliche Validierung der in den Schlüsselqualifikationen erzielten Ausprägungen. Unterschiede in den Versuchsbedingungen sind demnach für den Fall zu erwarten, daß die mit dem Schaltvorgang verbundenen Prozesse eine unterschiedliche Beanspruchung des Fahrers in der Simulation darstellen.

Die im Rahmen dieses Anwendungsfalles ermittelten physiologischen Daten belegen, daß das "Fahren mit Automatikgetriebe" im Durchschnitt zu niedrigeren Pulsfrequenzwerten führt, als das "Fahren mit Schaltgetriebe". So liegt die mittlere Pulsfrequenz der Versuchsgruppe 1 beim ersten Durchgang (Fahren mit Automatikgetriebe) bei 87,5 und fällt im zweiten Durchgang auf 77,1 Pulse pro Minute ab. Die entsprechenden Pulsfrequenzwerte der Versuchsgruppe 2 liegen auf einem höheren Ausgangsniveau. Hier ergibt sich im ersten Durchgang unter der Versuchsbedingung "Fahren mit Schaltgetriebe" ein Mittelwert von 94,8 Pulsen pro Minute. Unter der anschließenden Versuchsbedingung "Fahren mit Automatikgetriebe" nimmt die Pulsfrequenz einen Mittelwert von 76,5 Pulsen pro Minute an. Es kann vermutet werden, daß Übungs- bzw. Gewöhnungseffekte auch physiologische Werte im Sinne einer Beanspruchungsreduktion beeinflussen. Andererseits ist von einem Effekt der Neuartigkeit einer Versuchsbedingung auszugehen, der diesen Übungseffekt kompensieren kann. Unabhängig von der absoluten Höhe der Mittelwerte kann vermutet werden, daß die Umstellung von Schaltgetriebe auf Automatikgetriebe zu einer Entlastung der Probanden und damit verbunden zu niedrigeren Pulsfrequenzwerten führt. Umgekehrt scheint die in der ersten Versuchsbedingung realisierte Umstellung von Automatikgetriebe auf Schaltgetriebe mit größeren Schwierigkeiten verbunden zu sein, die sich in einer geringeren Abnahme der Pulsfrequenz niederschlägt.

Diese Ergebnisse decken sich weitgehend mit den von Zeier im Rahmen einer Feldstudie gewonnenen Erkenntnissen (Zeier o.J.). Bei Fahrten mit Probanden im innerstädtischen Bereich wurde unter der Versuchsbedingung "Fahren mit Schaltgetriebe" ein mittlerer Puls von 88 Schlägen pro Minute gemessen (Computersimulation 86,4 Schläge pro Minute), während unter der Versuchsbedingung "Fahren mit Automatikgetriebe" durchschnittlich 80 Pulse pro Minute ermittelt wurden (Computersimulation 81,7 Schläge pro Minute). Die von Zeier zusätzlich ermittelten Pulsfrequenzwerte der Beifahrer erleichtern die Deutung der oben dargestellten Ergebnisse. Geht man von der Annahme aus, daß es sich bei diesen Werten sozusagen um den mittleren "Ruhepuls" handelt, so ist ersichtlich, daß der nur geringfügigen Erhöhung durch das Führen eines Fahrzeugs mit Automatikgetriebe eine deutlichere Erhöhung beim Fahren mit Schaltgetriebe gegenübersteht.

Abbildung 10.6 zeigt die in der Computersimulation ermittelten mittleren Pulsfrequenzwerte in Abhängigkeit von der Versuchsbedingung und stellt diesen die in der Feldstudie ermittelten Werte gegenüber. Es sollte allerdings angemerkt werden, daß bei Differenzen in dieser Größenordnung aus den physiologischen Daten allein nicht feststellbar ist, welche Anteile der erhöhten Pulsfrequenz unter der Versuchsbedingung "Fahren mit Schaltgetriebe" Ausdruck einer erhöhten motorischen Aktivität ist. Daher ist auf jeden Fall zu fordern, daß spezifische Leistungsdaten erhoben werden. Zeier (o. J.) arbeitete ausschließlich auf der Basis physiologischer Kennwerte, während die Computersimulation erweiterte Analysen der Schlüsselqualifikationen vornimmt und somit der Forderung nach detaillierter Datenerhebung Folge leistet.

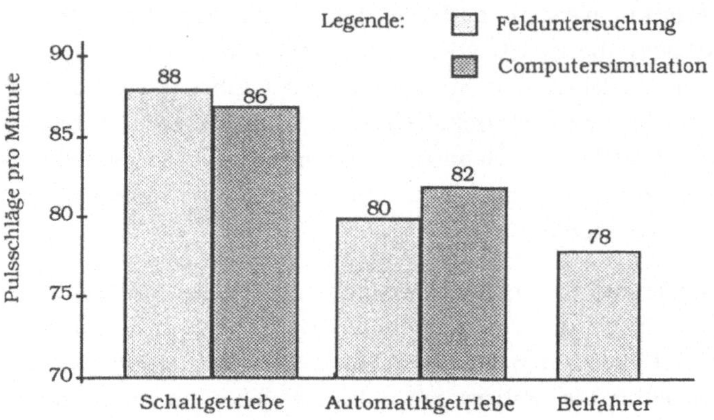

Abbildung 10.6: Vergleichende Darstellung der mittleren Pulsfrequenzwerte der Computersimulation bzw. Felduntersuchung

10.2 Resümee

Beim Vergleich des Fahrens mit Schalt- bzw. Automatikgetriebe unterscheiden sich beide Bedingungen durch die Existenz bzw. Nichtexistenz eines komplexen Handlungsmusters. Dieses Muster umfaßt sämtliche Operationen des Schaltvorgangs. Bei einer vollständigen Automatisierung dieses Vorganges müßte nach heutigen wissenschaftlichen Erkenntnissen davon ausgegangen werden, daß keine zusätzlichen Kapazitäten im Sinne einer psychischen Beanspruchung von Leistungsvoraussetzungen des Probanden zum Vollzug dieses Handlungsmusters erforderlich sind (vergleiche Hacker 1986, Färber 1987), d.h., ein empirischer Vergleich müßte zu gleichartigen Ergebnissen führen. Da aber speziell bei Verteiler-LKW-Fahrern häufiger Fahrzeugwechsel vorkommt, kann davon ausgegangen werden, daß dieses Muster zumindest teilweise kontrolliert vollzogen werden muß und damit eine psychische Beanspruchung des Fahrers bewirkt wird.

Die Ergebnisse zeigen in den verschiedenen Schlüsselqualifikationen unterschiedliche Tendenzen der Ausprägungen. Generell erzielen die Probanden unter der Versuchsbedingung "Fahren mit Automatikgetriebe" höhere Testwerte als die Probanden der Vergleichsgruppe, wobei diese Unterschiede jedoch i.d.R. nicht signifikant sind ($\alpha=0{,}05$). Die Unterschiede der Pulsfrequenzwerte in den beiden Versuchsbedingungen untermauern die Feststellung, daß eine unterschiedliche Beanspruchung aus den Versuchsbedingungen resultiert. Diese Unterschiede stehen auch im Einklang mit der bereits erwähnten Feldstudie von Zeier (vergleiche auch Abbildung 10. 6). Allerdings steht zu vermuten, daß diese Unterschiede lediglich die zusätzlichen motorischen Aktivitäten, die das "Fahren mit Schaltgetriebe" erfordert, reflektieren. Ohne differenzierte Analysen der beteiligten psychischen Prozesse läßt sich diese Alternativerklärung nicht widerlegen. Die Computersimulation kann anders als bei Zeier diese wesentlich differenziertere Analyse der Beanspruchung psychischer Leistungsvoraussetzungen vornehmen.

Um Gestaltungsaussagen zu Fahrzeugkomponenten treffen zu können, werden spezifische Kenntnisse ihrer jeweiligen Wirkungsweise auf den Menschen benötigt. Die Feststellung, daß eine solche Komponente für sich eine psychische Belastung im Sinne des hier entwickelten integrierten Zusammenhangsmodells darstellt, kann nur getroffen werden, wenn die einzelne Schlüsselqualifikation im Kontext des realen Fahrer-Fahrzeug-Umwelt-Systems interpretiert wird. Anforderungen an den Handelnden sind aus handlungstheoretischer Sicht nicht in jedem Fall als negativ zu betrachten. Erst wenn Handeln erschwert, behindert oder gar unmöglich gemacht wird, kann von Belastung gesprochen werden.

Aus den Ergebnissen der vorliegenden Fallstudie kann von unterschiedlichen Beanspruchungsmustern ausgegangen werden, die in den verschiedenen Versuchsbedingungen ermittelt wurden. Grundsätzlich sind Regulationsvorgänge auf höherem Regulationsniveau für das Individuum unter dem Aspekt der Beanspruchungsoptimierung zu begrüßen. Das "Fahren mit Schaltgetriebe" erfordert Regulationsprozesse der sensumotorischen sowie der perzeptiv-begrifflichen Regulationsebene und zeigt insgesamt höhere Beanspruchungswerte als die Bedingung "Fahren mit Automatikgetriebe". Aus der Perspektive der Arbeitsgestaltung bleibt zu fragen, inwieweit die durch "Fahren mit Automatikgetriebe" gewonnenen zusätzlichen Kapazitäten des Fahrers nicht für andere, auf höherem (intellektuellem) Regulationsniveau liegenden Anforderungen genutzt werden können.

Die Methode der Computersimulation kann nun einerseits konkrete Aussagen über Beanspruchungsmuster für spezifische Aspekte der Arbeitsbedingungen formulieren und andererseits prospektiv Hinweise auf Gestaltungsschritte geben, die zu einer Optimierung von Anforderung und Beanspruchung im Kontext des Systems Arbeit für Mensch und Technik führen können.

11. Zusammenfassung

Am Fallbeispiel einer Verteiler-LKW-Tätigkeit wird eine Computersimulation als arbeitswissenschaftliches Instrumentarium zur Beurteilung von Belastungen und Beanspruchungen bei der Fahrzeugführung vorgestellt.

Ausgehend von einem handlungstheoretischen Zusammenhangsmodell der Arbeitsbedingungen und personalen Bedingungen, erweitert um ein handlungstheoretisches Belastungskonzept, werden Merkmale der Verteiler-LKW-Tätigkeit in einem Simulationsmodell realisiert.

Auf der Basis einer Ist-Zustandsanalyse im Bereich des Verteilerverkehrs werden zu den im Modell beschriebenen Dimensionen repräsentative Merkmale ausgewählt. Dabei beruht die Gestaltung der Simulationsaufgabe auf typischen Arbeitseinheiten einer Verteiler-LKW-Tätigkeit, die mit Hilfe eines handlungstheoretischen Analyseverfahrens (VERA) auf ihre Regulationserfordernisse hin ausgewertet werden. Auf Seiten der Arbeitsbedingungen und Belastungen lassen sich Merkmale der Arbeitsumgebung in Form von Stressoren darstellen, während die personalen Bedingungen durch Schlüsselqualifikationen abbildbar sind.

Aufgrund von Expertenurteilen werden die Schlüsselqualifikationen "Organisations- und Planungsfähigkeit", "Merkfähigkeit", "Konzentrationsfähigkeit", "Motorische Koordinationsfähigkeit", "Reaktionsverhalten" und "Flexibilität" ausgewählt.

Die Computersimulation dient der Aufdeckung von Wirkungszusammenhängen zwischen belastenden Arbeitsbedingungen und Schlüsselqualifikationen. Mögliche Arbeitsgestaltungsmaßnahmen lassen sich durch ihren unterschiedlichen Anteil belastender Bedingungen unterscheiden und können somit anhand der Simulation auf ihre spezifischen Wirkungen hin untersucht werden.

Das Verfahren wird bei zwei unterschiedlichen Probandengruppen (LKW-Fahrer, Studenten) unter insgesamt drei Versuchsbedingungen angewendet. Die Probanden werden nach dem Zufallsprinzip entweder einer Bedingung ohne Stressoren (Kontrollbedingung), mit mehreren Einzelstressoren oder mit überlagerten Stressoren zugeordnet.

Für die verschiedenen Versuchsbedingungen werden unterschiedliche Ausprägungen der Schlüsselqualifikationen erwartet. Die Simulationsergebnisse, die mit Hilfe statistischer Verfahren ausgewertet werden, können diese Erwartungen bestätigen.

An drei Beispielen "Anzeigen, Warnleuchten", "Fahrerleitsystem" und "Automatik-Schaltgetriebe" werden mögliche Anwendungen der Computersimulation demonstriert.

Die unterschiedliche Wirkung von Schalt- bzw. Automatikgetriebe wird empirisch untersucht.

Literaturverzeichnis

Bortz, J.
Lehrbuch der Statistik für Sozialwissenschaftler. Berlin, Heidelberg, New York 1977.

Bortz, J.
Lehrbuch der empirischen Sozialforschung. Berlin, Heidelberg, New York, Toronto 1984.

Campbell, D. T.
Factors relevant to the validity of experiments in social settings. In: Psychological Bulletin (1957) 54, S.297-312.

Edward, A. L.
Versuchsplanung in der psychologischen Forschung. Frankfurt/M. 1980.

Facaoaru, C. ; Frieling, E.
Verfahren zur Ermittlung informatorischer Belastungen. Teil II: Aufbau und Darstellung eines Verfahrensentwurfs. In: Zeitschrift für Arbeitswissenschaft 40(1986)2, S. 90 - 96.

Färber, B.
Geteilte Aufmerksamkeit. Köln 1987.

Fahrenberg, J.
Die Freiburger Beschwerdeliste (FBL). In: Zeitschrift für klinische Psychologie (1975) 4, S. 79-100

Frieling, H.
Farbe im Raum. München 1974.

Gutjahr, G.
Psychologie des Interviews in Theorie und Praxis. Heidelberg 1985.

Hacker, W.
Arbeitspsychologie. Psychische Regulation von Arbeitstätigkeiten. Berlin 1986.

Hackstein, R.
Arbeitswissenschaft im Umriß, Bd. 2, Grundlagen und Anwendung. Essen 1977.

Hackstein, R. ; Gast, O.
Logistik-Informationssysteme. In: Zeitschrift für Logistik (1985)10, S. 64-69.

Hackstein R.
Zeitwirtschaft in der Logistik. In: Zeitschrift für Logistik (1986)10, S. 50.

Harbordt, S.
Computersimulation in den Sozialwissenschaften. Bd. 1: Einführung und Anleitung. Reinbek bei Hamburg 1974

Harbordt, S.
Computersimulation in den Sozialwissenschaften. Bd. 2: Beurteilung und Modellbeispiele. Reinbek bei Hamburg 1974.

Heeg, F. J.
Empirische Software-Ergonomie: zur Gestaltung benutzergerechter Mensch-Computer-Dialoge. Berlin, Heidelberg, New York, London, Paris, Tokyo 1988.

Helling, J.
Umdruck zur Vorlesung Kraftfahrzeuge II, Institut für Kraftfahrwesen, RWTH Aachen 1985.

Henning, K.; Marks, S.
Inhalte menschlicher Arbeit in automatisierten Anlagen. In: Hackstein, R., Heeg, F. J., Below, F. von (Hrsg.), Arbeitsorganisation und neue Technologien. Berlin, Heidelberg, New York, London, Paris, Tokyo 1986, S. 215-244.

Hoyos, C. Graf; Kastner, M.
Belastung und Beanspruchung von Kraftfahrern. Reihe: Unfall- und Sicherheitsforschung Straßenverkehr. Bundesanstalt für Straßenwesen (Hrsg.), Bereich Unfallforschung. Bremerhaven 1985.

Kaminski, G.
Theoretische Komponenten handlungstheoretischer Ansätze. In: Thomas, A., (Hrsg.), Psychologie der Handlung und Bewegung, Meisenheim 1976, S. 11 - 22.

Kirchner, J.-H.
Belastungen und Beanspruchungen. In: Zeitschrift für Arbeitswissenschaft 40(1986)2, S. 69-74.

Lacey, J. I.; Lacey, B. C.
The law of initial value in the longitudinal study of autonomic constitution. In: Ann. New York Acad. Sci. 98(1962) S. 1257-1290.

Leitner, K.; Volpert, W.; Greiner, B.; Weber, W. B.; Hennes, K.
Analyse psychischer Belastung in der Arbeit. Das RHIA-Verfahren. Handbuch. Köln 1987.

Lienert, G. A.
Testaufbau und Testanalyse. 3. Aufl., Weinheim, Berlin, Basel 1969.

Lind, A. R.; Bass, D. E.
The optimal exposure time for the development of acclimatization to heat. In: Federal Proceedings 22(1963)3, S. 704-709

McGuigan, F. J.
Einführung in die experimentelle Psychologie (dtsche. Bearbeitung: Diehl, J. M.). Frankfurt/M. 1979.

Mohr, G.
Die Erfassung psychischer Befindensbeeinträchtigungen bei Industriearbeitern. Frankfurt/M. 1986

Müller-Bölling, D.; Müller, M.
Zusammenhang zwischen Informationstechnik, Organisationsstruktur und individuellem Handlungsspielraum, in: Office Management, Baden-Baden, 31 (1983) Sonderheft, S. 18-20

Myrtek, M.; Foerster, F.; Wittmann, W.
Das Ausgangswertproblem. In: Zeitschrift für experimentelle und angewandte Psychologie XXIV(1977)3, S. 463-491.

N.N.
Verkehrswirtschaftliche Zahlen. Bundesverband des deutschen Güterfernverkehrs (Hrsg.), Frankfurt 1987.

N.N.
VERTEILER - LKW., Endbericht - Phase 1., Förderungsnr.: TV 8414 7, (Projektleiter: Prof. Dr.-Ing. J. Helling).
unter Mitarbeit von: Institut für Kraftfahrwesen der RWTH Aachen, Dornier System GmbH, Schenker & Co. GmbH, Bundesverband des deutschen Güterfernverkehrs, Aachen, Friedrichshafen, Frankfurt 1985.

N.N.
VOLVO FL - Fahrerhaus. Volvo Truck Corporation (Hrsg.), Göteborg, Schweden 1987.

Oestereich, R.
Zur Aufgabe von Planungs- und Denkprozessen in der industriellen Produktion - Das Arbeitsanalyseverfahren VERA. In: Diagnostica 30(1984), S. 216 - 237.

Petermann, F.
Veränderungsmessung. Stuttgart, Berlin, Köln, Mainz 1978.

Rohmert, W.
Psycho-physische Belastung und Beanspruchung von Fluglotsen. Reihe: Arbeits-, Sozial-, Präventivmedizin, Bd.30, Berlin, Köln, Frankfurt/M. 1973.

Rohmert, W.(Hrsg.)
Ergonomie der kombinierten Belastungen. Vorträge d. internen Herbstkonferenz d. Ges. für Arbeitswiss. e. V. am 2. Oktober 1981 im Inst. für Arbeitswiss. d. Techn. Hochsch. Darmstadt., Köln 1982.

Rohmert, W.
Das Belastungs-Beanspruchungs-Konzept. In: Zeitschrift für Arbeitswissenschaft 38(1984)4, S. 193 - 200.

Rohn, W., (Hrsg.)
LiLi P+S Literaturliste für Planspiel und Simulation. 3.Aufl., Wuppertal 1984.

Sanders, A. F.
Some remarks on mental load. In: Mental Workload, Plenum Publishing Corporation, 1979, S. 41 - 77

Schmidtke, H.
Kapitel 10.2.2 Anforderungsanalyse, 1978. In: Schmidtke, H.; Jürgens, W., Handbuch der Ergonomie, Loseblattsammlung, Bd. 1, München, Wien.

Smith, A. P.; Ottman, W.
Einfluß von Umgebungsfaktoren auf die psychische Leistung. In: Kleinbeck, U., Rutenfranz, J. (Hrsg.),Enzyklopädie der Psychologie, Arbeitspsychologie. Göttingen, Toronto, Zürich 1987.

Strasser, H.
Arbeitswissenschaftliche Methoden der Beanspruchungsermittlung. Reihe: Arbeits-, Sozial-, Präventivmedizin, Bd.: 69, Stuttgart 1982.

Stürk, P.
CAR - ein neuer Fahrsimulator. In: Die Berufsgenossenschaft (1987)10, S. 568-570.

Summ, A.:
Strukturanalyse über den Güterverteilerverkehr auf dem Straßennetz der Bundesrepublik Deutschland. (Diplomarbeit Fachhochschule Furtwangen), Villingen 1987.

Tohsche, C.
"Just-in-time" für Produktion und Zulieferung. In: Logistik im Unternehmen Düsseldorf (1988)1/2

Volpert, W.; Oestereich, R.; Gablenz-Kolakovic, S.; Krogoll, T.;Resch
Verfahren zur Ermittlung von Regulationserfordernissen in der Arbeitstätigkeit. Analyse von Planungs- und Denkprozessen in d. industriellen Produktion. Köln 1983.

Volpert, W.
Psychische Regulation von Arbeitstätigkeiten. In: Kleinbeck, U., Rutenfranz, J. (Hrsg.),Enzyklopädie der Psychologie, Arbeitspsychologie. Göttingen, Toronto, Zürich 1987.

Walbott, M. G.
Einführung in die Ergebnisse, Manipulationsüberprüfung und subjektive Befindlichkeit. In: Scherer, K. R., Walbott, H. G., Tolkwitt, F. J., Die Streßreaktion: Physiologie und Verhalten. Göttingen, Toronto, Zürich 1985, S. 85-94.

Wickens, C. D.
Engeneering Psychologie and Human Performance, Meritt-Columbus, 1984

Wilder, J.
Zur Kritik des Ausgangswertgesetzes. In: Klinische Wochenschrift (1958) 36, S. 148-151.

Zeier, H.
Psychophysiologische Belastung beim Fahren und Mitfahren im Großstadtverkehr mit Automatik- und Handschaltgetriebe. Institut für Verhaltenswissenschaft der ETH Zürich, o. Jahr.

FIR + IAW
Forschung für die Praxis

Berichte aus dem Forschungsinstitut für Rationalisierung (FIR), Aachen, und dem Lehrstuhl und Institut für Arbeitswissenschaft (IAW) der Rheinisch-Westfälischen Technischen Hochschule Aachen.

Herausgeber: Univ.-Prof. Dr.-Ing. R. Hackstein

1 **Qualitätszirkel und andere Gruppenaktivitäten**
Von F. J. Heeg. ISBN 3-540-15498-1.
1985, 232 Seiten mit 45 Abbildungen und 17 Tabellen 68,- DM

2 **Planung und Auslegung von Palettenlagern**
Von P. Bauer. ISBN 3-540-15499-X.
1985, 148 Seiten mit 42 Abbildungen und 8 Tabellen 68,- DM

3 **Kennzahlen in der Distribution**
Von W. Konen. ISBN 3-540-15624-0.
1985, 150 Seiten mit 9 Abbildungen und 7 Tabellen 68,- DM

4 **Personalbedarf der Arbeitsplanung**
Von P. Bresser. ISBN 3-540-15625-9.
1985, 179 Seiten mit 65 Abbildungen und 6 Tabellen 68,- DM

5 **Analyse und Grobprojektierung von Logistik-Informationssystemen**
Von O. Gast. ISBN 3-540-15626-7.
1985, 187 Seiten mit 68 Abbildungen und 20 Tabellen 68,- DM

6 **Flexibilität in der Fertigung**
Von R. Grob. ISBN 3-540-16159-7.
1986, 158 Seiten mit 25 Abbildungen und 20 Tabellen 68,- DM

7 **Rechnergestützte Planung von Durchlaufregallagern**
Von E.-J. Ribbert. ISBN 3-540-16160-0.
1986, 154 Seiten mit 30 Abbildungen und 7 Tabellen 68,- DM

8 **Wirtschaftliche Arbeitsplanung in der Instandhaltung**
Von W. Jütting. ISBN 3-540-16701-3.
1986, 145 Seiten mit 40 Abbildungen 68,- DM

9 **Planung des Personalbedarfs in indirekten Bereichen**
Von K. Hemmers. ISBN 3-540-16702-1.
1986, 149 Seiten mit 73 Abbildungen 68,- DM

10 **Organisatorische Gestaltung einer zentralen Werkstattsteuerung**
Von M. Strack. ISBN 3-540-17570-9.
1987, 150 Seiten mit 48 Abbildungen 68,- DM

11 **Planzeiten für Konstruktion und Arbeitsplanung**
Von K.-G. Konrad. ISBN 3-540-18040-0.
1987, 151 Seiten mit 49 Abbildungen 68,- DM

12 **Integrierte Produktionsplanung**
Von E. Gillessen. ISBN 3-540-18614-X.
1988, 149 Seiten mit 45 Abbildungen 68,- DM

13 **Einführung von Informations- und Kommunikationstechnologie**
Von R. Junker. ISBN 3-540-18845-2
1988, 157 Seiten mit 26 Abbildungen und 42 Tabellen 68,- DM

14 **Personal Computer in kleinen Produktionsunternehmen**
Von H. Hoff. ISBN 3-540-19407-X.
1988, 158 Seiten mit 64 Abbildungen 68,- DM

15 **Betriebsdatenerfassung in Konstruktion und Arbeitsplanung**
Von M. Virnich. ISBN 3-540-19408-8.
1988, 194 Seiten mit 50 Abbildungen 68,- DM

16 **Informationswesen in der Instandhaltung**
Von W. Klein. ISBN 3-540-50177-0.
1988, 152 Seiten mit 61 Abbildungen 68,- DM

17 **EDV-gestützte Instandhaltung**
Von J. Weingärtner. ISBN 3-540-50178-9.
1988, 171 Seiten mit 52 Abbildungen 68,- DM

18 **Termin- und Kapazitätsplanung der Arbeitsplanung**
Von G. Steger. ISBN 3-540-50179-7.
1988, 195 Seiten mit 99 Abbildungen 68,- DM

19 **Integration von flexiblen Fertigungszellen in die PPS**
Von H.-U. Förster. ISBN 3-540-50181-9.
1988, 179 Seiten mit 78 Abbildungen 68,- DM

20 **Bestimmung des Automatisierungsgrades der rechnergestützten NC-Programmierung**
Von V. Pfennig. ISBN 3-540-50229-7.
1988, 150 Seiten mit 59 Abbildungen 68,- DM

21 **Auswahl und Beurteilung EDV-gestützter IPS-Systeme**
Von U. Breer. ISBN 3-540-50747-7.
1989, 158 Seiten mit 58 Abbildungen und 23 Tabellen 68,- DM

22 **Sicherheit bei Instandhaltungsarbeiten**
Von P. Hartung. ISBN 3-540-50748-5.
1989, 189 Seiten mit 81 Abbildungen 68,- DM

23 **Die Computersimulation - Instrumentarium zur Gestaltung komplexer Arbeitssysteme**
Von F.-J. Gaksch. ISBN 3-540-51536-4.
1989, 172 Seiten mit 64 Abbildungen und 23 Tabellen 68,- DM